F-粗糙集
理论、方法与应用

徐小玉　邓大勇　沈明镭　著

ZHEJIANG UNIVERSITY PRESS
浙江大学出版社
·杭州·

图书在版编目(CIP)数据

F-粗糙集 : 理论、方法与应用 / 徐小玉, 邓大勇, 沈明镭著. -- 杭州 : 浙江大学出版社, 2024. 6.
ISBN 978-7-308-25117-4

Ⅰ. O144；TP274

中国国家版本馆 CIP 数据核字第 20249812W0 号

F-粗糙集：理论、方法与应用

徐小玉　　邓大勇　　沈明镭　著

责任编辑	季　峥	
责任校对	蔡晓欢	
封面设计	十木米	
出版发行	浙江大学出版社	
	（杭州市天目山路 148 号　邮政编码 310007）	
	（网址：http://www.zjupress.com）	
排　　版	杭州晨特广告有限公司	
印　　刷	浙江新华数码印务有限公司	
开　　本	710mm×1000mm　1/16	
印　　张	9.75	
字　　数	172 千	
版印次	2024 年 6 月第 1 版　2024 年 6 月第 1 次印刷	
书　　号	ISBN 978-7-308-25117-4	
定　　价	49.00 元	

前　　言

　　粗糙集建立在分类机制的基础上,利用已知的知识库近似刻画不精确或不确定的研究对象,在多个领域得到广泛应用。它同时也是数据挖掘领域的重要工具。随着大数据时代的来临,人类每天面临海量信息,庞大的信息量已渗透到社会生活和生产的各个领域。从增量式数据、海量数据或动态数据中挖掘出人们感兴趣的知识,既是数据挖掘研究的一个热点,也是一个难点。F-粗糙集将粗糙集理论从单个信息表或决策表扩展到多个,从局部和整体反映事物的本质,可以有效地用于事物动态变化、发展趋势的研究。

　　我们对信息系统簇或决策系统簇模型下概念漂移和不确定性进行了系统研究,建立了F-粗糙集理论框架下概念漂移探测的具体方法,利用数据的内部特性——属性重要性定义概念漂移的指标,基于并行约简整体删除了冗余属性,统一了度量概念漂移的标准;研究了信息表中概念漂移和不确定分析,在认识论方面,从理想和现实两个方面定义了认识收敛,从粒计算、粗糙集的角度对人类认识世界的方式进行了探讨;定义了知识系统中的全粒度粗糙集和上下近似概念漂移、上下近似概念耦合等概念,据此分析了知识系统内概念的全局变化;结合 F-粗糙集和模糊粗糙集,建立了F-模糊粗糙集及其约简模型,丰富和扩展了粗糙集理论;基于F-模糊粗糙集定义了模糊集概念漂移探测指标,给出了模糊集概念漂移探测算法；将 F-粗糙集的子集簇和属性重要性等概念引入异构信息网络中，整体删除了异构信息网络中的冗余节点，建立了异构信息网络中节点增量式相似性搜索方法。F-粗糙集的最大优势是它的动态性，F-粗糙集的突破性成果是在概念漂移探测中的应用。

本书在阐述基本概念和方法时，力求概念清晰、内容组织合理、论证严谨、深入浅出、通俗易懂，着力体现内容广泛、学术思想浓厚和学术观点新颖的特点；进一步完善了 F-粗糙集的理论体系，研究内容涉及 F-粗糙集理论的各个方面。希望本书能为从事粗糙集理论、信息科学、决策系统、推荐系统的相关人员提供帮助。本书可以作为高等院校信息类、数学类、经管类专业的高年级本科生和研究生的教学用书，也可以作为从事数据挖掘的工程技术人员及相关学者的参考书。

由于水平有限，本书难免存在不妥之处，恳请同行专家提出宝贵意见。

2024 年 1 月

目　　录

第1章 绪 论

1.1 数据挖掘与粒计算

随着互联网技术的飞速发展,我们已身处一个数据爆发式增长的时代,以"大量化""快速化""多样化""价值低密度"为特征的数据充斥在人们的生活中[1]。作为计算机技术的分支,数据挖掘(data mining)是人们运用算法从大量数据中提取隐藏信息的过程,并且数据挖掘是结合了人工智能、统计学、模式识别和机器语言等的交叉学科,是人们进行数据提取的重要工具。数据挖掘技术的主要任务就是对大量数据进行系统、科学的分析,发现潜力不同数据之间的连接。数据挖掘技术被应用在多个领域,并取得了良好的效果。在医学领域,研究人员可以通过分析患者的特点等大量数据,为患者制定更好的治疗方案,包括治疗期间的用药、服药频次及处方规则,同时也为新药的开发提供信息[2-4];在公共安全领域,通过分析犯罪个人或组织的犯罪数据,可以有效预防犯罪,震慑潜在犯罪等[5-7];在疫情防控领域,深挖疫情数据可及时找准工作重点区域、重点人群,提前进行疫情预研、预判、预警,以便尽早识别疫情区域、病症、规模,得出初步评估、界定,供管理者决策时参考[8-10];在消费领域,一些购物网站会根据用户通常浏览的网页或产品关注情况,为用户推送相关的网页或产品[11-14]。

数据挖掘技术是人工智能领域的重要课题之一。目前数据挖掘的算法主要包括以下5种。

(1)模糊集法[15,16]

模糊集法利用模糊集理论对问题进行模糊评判、模糊决策、模糊模式识别和模糊聚类分析。模糊集理论用隶属度来描述模糊事物的属性[15,16]。系统的复杂性越高模糊性就越强。

（2）粗糙集法[17]

粗糙集法也称粗糙集理论，是一种新的处理含糊、不精确、不完备问题的数学工具，可以处理数据约简、数据相关性发现、数据意义评估等问题。其优点是算法简单，不需要关于数据的任何预备的或额外的信息；缺点是难以直接处理连续的属性，必须先进行属性的离散化。因此，连续属性的离散化问题是制约粗糙集理论实用化的难点[17]。粗糙集理论主要应用于近似推理、数字逻辑分析和化简、建立预测模型等问题。

（3）神经网络法[18]

神经网络法模拟生物神经系统的结构和功能，是一种通过训练来学习的非线性预测模型，可完成分类、聚类、特征挖掘等多种数据挖掘任务。神经网络的学习方法主要表现在权值的修改上。其优点是具有抗干扰、非线性学习、联想记忆功能，对复杂情况能得到精确的预测结果；缺点是不适合处理高维变量，不能观察中间的学习过程，具有"黑箱"性，输出结果也难以解释，并且需较长的学习时间。神经网络法主要应用于数据挖掘的聚类技术中。

（4）决策树法

决策树是通过一系列规则对数据进行分类的过程，其表现形式类似于树形结构的流程图。最典型的决策树算法是 1986 年提出的 ID3 算法[19]。之后，在 ID3 算法的基础上又发展出了极其流行的 C4.5 算法[20]。采用决策树法的优点有决策制定的过程是可见的，构造过程时间短，描述简单且易于理解，分类速度快；缺点是很难基于多个变量组合发现规则。决策树法擅长处理非数值型数据，而且特别适合大规模的数据处理。

（5）遗传算法

遗传算法是一种采用遗传结合、遗传交叉变异及自然选择等操作来生成实现规则的、基于进化理论的机器学习方法[21]。它的基本观点是"适者生存"原理，具有隐含并行性、易于和其他模型结合等性质。该算法主要的优点是可以处理许多数据类型，可以并行处理各种数据，对问题的种类有很强的鲁棒性；缺点是需要太多参数，编码困难，一般计算量比较大。遗传算法常用于优化神经元网络，解决其他技术难以解决的问题。

（6）关联规则法[22]

关联规则反映了事物之间的相互依赖性或关联性。其最著名的算法是

Apriori 算法。最小支持度和最小可信度是为了发现有意义的关联规则给定的 2 个阈值。数据挖掘的目的就是从源数据库中挖掘出满足最小支持度和最小可信度的关联规则。

随着计算机软硬件性能的不断提高,人们需要的信息可以从大量的数据中挖掘出来,数据作为"桥梁",在人与计算机之间建立了一种通信方法,数据被转换成人类能理解的语言。但仍有一些挑战需要发展模仿人类思维的人工智能系统。人类分析的信息往往与自己的认知密切相关。例如,在判断一个人是否漂亮的时候,计算机系统做出机械判断的标准是由人类设定的。但它们很难做出判断,因为对美的判断不仅基于标准,还要有自己的感受和认知。如何从数据中挖掘信息,使其更接近人们的认知,并使系统更加智能化是许多研究者不懈努力的目标。粒计算(granular computing,GrC)模拟人类思考过程,从抽象角度对问题进行分析推理,反映人类思考和处理信息的过程。作为计算智能中一种新型信息处理范式,信息粒的研究涵盖了基于不同粒度解决复杂问题的理论、方法、技术和工具,属于人工智能认知机理研究的领域。1996 年,Lin 首次提出粒计算这一概念,它对数据挖掘产生了重要影响。人们从不同的角度构造信息粒,得到了良好的粒计算模型[23]。

在运筹学、管理科学、信息科学、系统科学、计算机科学以及工程技术等众多领域都存在着客观的知识不确定性度量问题。近年来,随着粒计算的诞生,很多研究者开始讨论各种粒计算模型中的不确定性。从粒计算的观点来看,人们对问题的分析及获取的知识表示都具有粒度性,这既与认知主体的主观局限有关,也与观测工具等很多客观因素的影响有关。因此,粒计算模型中的知识粒具有不确定性,它直接决定问题求解的效率和精度。在粒计算模型中,认知的确定性是指认知主体在当前的知识粒水平上是确定的,而新证据的增加及各方面的条件变化使得知识粒大小也发生了变化,这时,认知表现出了不确定性,即认知过程的不确定性。粒计算方法论的关键是知识空间的粒化问题,知识空间中知识粒的不确定性直接决定了用粒计算方法解决复杂问题的效率和精确程度。因此,研究各种粒计算模型中知识的不确定性得到很多研究者的关注[24]。

目前,粒计算的四大基础理论包括如下内容。

(1)Zadeh 在 1965 年提出的模糊集理论[15,16]

基于香农信息熵的启发,Zadeh 提出了一种新的模糊集的概率熵的概念。而 Deluca 和 Termini 研究了模糊集的非概率熵,并提出了模糊度的公理化定义。Kaufmann 使用模糊集与其 0.5 截集之间的距离定义了明科夫斯基模糊度,并给出了两个特例,即海明模糊度和欧几里得模糊度。

(2)Pawlak 在 1982 年提出的粗糙集理论[17]

目前,粗糙集的不确定性因素主要有粗糙度、粗糙熵、模糊度和模糊熵等。Liang 等定义了一种知识粒的度量方法,并在此基础上提出了一种知识粒的公理化定义[25]。另外,Miao 等还讨论了知识粗糙性与信息熵之间的关系,证明了知识粗糙性的单调性[26]。Qian 等引入了直观组合熵和组合粒度来度量信息系统中的不确定性和粒度大小,并讨论了组合熵与组合粒度之间的关系[27]。为了更好地度量粗糙集的不确定性,也有学者通过对象的等价类与被近似集合之间的关系导出一个粗糙集的模糊集,给出了粗糙集的两种模糊性度量方法。Wang 等从代数观和信息观两个方面研究了信息系统的不确定性,并讨论了粗糙集在不同知识粒下的不确定性[28]。

(3)Zhang 等在 1990 年提出的商空间理论[29]

商空间理论认为,人类智能的特点就是人们能够从极不相同的粒度上观察和分析同一问题。人们不仅能在不同粒度的世界中进行问题求解,而且能够很快地从一个粒度世界跳到另一个粒度世界。面对复杂的、难以准确把握的问题,人们通常不是采用系统的、精确的方法去追求问题的最佳解,而是通过逐步尝试的办法达到有限而合理的目标。人类采用分层递进、由粗到细、不断求精的多粒度层次分析法来处理问题。问题在不同层次上体现出不同的不确定性,随着粒度层次的逐渐转化,不确定性逐渐降低。Zhang 等[30]讨论了分层递进商空间的信息熵序列随知识粒变化的规律。

(4) 李德毅等在 1995 年提出的云模型理论[31]

相关学者围绕云模型进行扩展。张屹等[32]将隶属云的对象进行了分类,并提出了条件隶属云的概念;蒋嵘等[33]提出了基于云模型的数值型数据的泛概念树的生成方法,并研究了泛概念树中概念爬升和跳跃的方法,为数据挖掘各层次知识提供了基础;王国胤等[34]对云模型与粒计算的交叉研究进行分析,并进行了系统的总结。

上述 4 种理论模型的研究问题、粒化方法、研究目标等见表 1.1。

表 1.1　不同理论下的主要粒度模型[35]

理论模型	研究问题	粒化方法	研究目标
模糊集	粒度表示问题	模糊信息粒化	不确定性计算
粗糙集	知识空间中粒的表示、转换和相互依存	粗糙集近似	多粒度计算
商空间	商空间之间的关系、综合、分析和推理	商空间法	多粒度计算
云模型	语言值中的随机性、模糊性、关联性	云模型法	多粒度计算

不同理论体系所构建的粒度模型存在区别,但不同理论体系之间也相互关联[36—38]。同时,尽管粒度模型构建的方法不同,但粒计算的本质都是数据信息的粒化、计算和推理。人类在认知事物的过程中,对问题的分析都是在一定粒度条件下进行的,也是在一定粒度条件下获取此知识的,因此,对此进行的知识表示具有粒度性及不确定性。

人的认知实质上是客观世界的一种映像,客观世界本身的不确定性导致人类主观认知的不确定性。人类对世界的认知大多是不确定的,对于同一对象,在不同环境下会有不同的认知结果。认知过程是从不确定到逐渐确定的过程。人类通过调整知识粒,将粗粒度上不确定的概念细化、更新,从而得到确定的概念,实现对事物的结构化认知。

人类的认知过程是复杂的。人类擅长通过联想、直觉和创造性思维来认识新事物,而不是像计算机那样进行精确的数学运算或逻辑推理。然而,这并不妨碍人类拥有发达和灵活的智能模式识别能力。在人脑感知和认识世界的过程中,信息被自上向下进行粒化和分层次表示,从不同层次或不同侧面来把握事物的信息特征,而不是机械地记住每个信息特征。必要的局部信息特征是必要的,这个过程与认知的粒计算模型相似。

因此,人类的认知过程是一个不断探索和学习的过程,通过调整知识粒、细化概念、更新认知,逐步确定事物的本质和规律。这种认知方式与粒计算理论有相似之处,对粒计算模型中知识不确定性的研究具有重要意义,有助于推动粒计算理论和认知科学的进一步发展[24]。

1.2　粗糙集理论发展概述

粗糙集理论由 Pawlak 在 1982 年提出[17]。它主要利用等价关系的概念对数据进行分类,并通过上近似、下近似(简称上下近似)算子来实现目标对象的近似,发现其中蕴含的知识与规律。作为一种能有效地处理不精确、不一致及不完整数据的分析工具,其最大的特色就是除了研究所需的数据集之外,不需要其他任何相关的先验知识,易用性强,且能有效地和其他不确定性理论互补[39,40]。因其独特的思想与方法,粗糙集理论受到了研究者们的极大关注,并且已被成功地运用于机器学习、数据挖掘等领域中[41]。

粗糙集理论历经研究者多年辛苦探索,现在不仅已成为完整、独立的科学领域,而且是进行数据挖掘的重要工具。目前,对粗糙集理论的研究与学习大多集中在理论和应用领域两方面。在理论研究方面,1996 年第五届国际粗糙集理论研讨会在亚洲召开后,粗糙集理论受到了亚洲学者的重视,在亚洲范围内普及开来。1997 年,苗夺谦发表了《粗糙集理论及其在机器学习中的应用研究》一文。它是中国第一篇关于粗糙集的论文,着重讨论了粗糙集从提出到当时的一些核心思想和理论,并对其核心理念和应用场景进行了进一步探讨。次年,中国第一部有关粗糙集理论的书《粗糙集理论及其应用》出版。该书由曾黄麟编写,全面介绍了粗糙集理论的相关思想,使得更多的学者能够了解粗糙集理论[41]。由此,粗糙集理论在我国受到越来越多学者的关注。

2001 年,论文《粗糙集理论和方法》深入探讨了经典粗糙集的属性约简方法和定义理念。2008 年,Hu 等发表《基于邻域粒化和粗糙逼近的数值属性约简》一文,提出了邻域粗糙集概念,为粗糙集理论的发展提供了新的思路和方向[42]。2018 年,Qian 等将局部粗糙集运用于大数据分析中[43],Das 等将基于遗传算法的模糊粗糙集用于分类选择中[44],Ma 等将决策粗糙集运用在富模型隐写中,进一步扩展了粗糙模型在各个领域中的应用[45]。2020年,Zhang 等将模糊粗糙集与邻域粗糙集相结合[46],将粗糙集思想运用于多准则决策中,给出了粗糙模型算法的新思路。

时至今日,粗糙集理论经过众多学者的研究探讨,已取得丰硕成果。就粗糙集理论的基本要素而言,主要在以下 5 个方面进行扩展。

(1) 对等价关系的扩展[47]。将 Pawlak 粗糙集中的等价关系以非等价关系代替,以此扩展粗糙集的定义及应用范围。例如,扩展出用模糊等价关系来代替等价关系的模糊粗糙集模型、用相似关系来代替等价关系的容差粗糙集模型[48]、用优势关系来取代等价关系的优势粗糙集模型[49],量化容差关系及特征关系也被相继引入来替换等价关系,进而扩展粗糙集模型[50],

这样就能更好地处理不完备信息系统。

（2）对被近似集合的扩展。Pawlak 粗糙集中的被近似集合是清晰集合。针对非清晰集合，有了一些模型扩展。如奇异粗糙集模型（singular rough sets,简称 S- 粗集）[51]，将被近似集合扩展到奇异集合，用以研究系统动态特性。又如结合模糊集理论，将被近似集合扩展到模糊集合，得到模糊粗糙集模型、粗糙模糊集模型[52—54] 及粗量化粗糙集模型[55] 等。

（3）对包含算子的扩展[56]。如结合概率论的相关知识，用大于一定阈值的包含算子代替经典粗糙集的变精度粗糙集模型[57]、Bayesian 粗糙集模型[58] 及决策粗糙集模型[59] 等。

（4）与其他一些理论结合得到的扩展。例如，扩展出基于概率论的概率模态粗糙集模型[60]、基于粒计算理论的扩展模型[61,62]、基于覆盖的粗糙集模型[63] 与博弈论结合的博弈粗糙集模型[64] 等。

（5）对研究论域的扩展。随着大型数据库的广泛使用和因特网的迅猛发展，大数据时代到来了，人类每天要接收海量的信息。庞大的信息量已渗透到社会生活和生产的各个领域。受到信息量极速增长这一趋势的影响，我们对各种信息分析工具的要求也在不断提高。如何用一种自动、高效的手段获得存在于海量数据中的隐含知识与规则是一大研究热点。数据挖掘、机器学习等各种知识学习方法受到人工智能领域研究者的极大重视，各种理论与技术也相继被提出。例如，有的研究将 Pawlak 粗糙集模型推广到了 2 个论域上；有的将传统粗糙集模型的单表研究推广到多表，如 F-粗糙集模型[65—67]，该模型建立在多个信息系统或决策系统中，同时从局部和整体反映事物的本质，可以用于事物动态变化、发展趋势的研究。

粗糙集的应用研究主要有如下几点：随着大数据[68,69] 时代的来临，对海量数据进行快速、有效的数据挖掘是一个研究重点，而在数据挖掘中亟待解决的问题就是有效地提高约简算法的效率。除了一些常见的启发式算法，许多智能搜索算法也被用到数据挖掘上以实现属性约简，如禁忌搜索、神经网络、蚁群算法[70]、遗传算法[71,72] 及模拟退火算法[73] 等。除了研究约简算法本身，也有学者将并行计算的思想融入粗糙集约简计算中来应对海量数据挖掘，如并行约简算法[65—67,74—84] 等。实际上，粗糙集理论已被应用于诸多领域，如大数据中探测概念漂移、生物医药、环境监测、市场预测、航空航天、军事[85—92] 等。

国内对粗糙集理论的研究起步较晚，但经过近几十年的发展，我国在这方面的研究已经取得了颇佳的成绩,并且该理论还被成功运用到了经济分析、智能教学、环境监测、生物医药、市场预测等各类涉及数据挖掘与分析的实际应用领域当中。

1.3　粗糙集与其他不确定性信息理论的联系

人类社会的各种管理活动是由一系列决策组成的,在竞争异常激烈的今天,企业或个人经常面临复杂的决策问题,对此,人们不仅需要快速做出决策,而且需要分析与解决决策时遇到的多重不确定性。一个管理者的决策有效与否,很大程度上取决于他是否拥有适应复杂化的决策思想和方法。目前,不确定性决策问题已普遍存在于管理科学、信息科学、系统科学、计算机科学、知识工程及可靠性技术等众多领域,其表现形式也是多种多样的,如模糊性、随机性、灰色性、粗糙性、模糊随机性、粗糙模糊性、模糊粗糙性以及其他多重或交叉不确定性等。虽然已有的模糊集理论、随机理论、灰色理论可以解决一部分模糊决策、随机决策、灰色决策问题,但以上方法由于对所研究的对象都有明确的条件设定,因此在解决不确定性决策问题时必然有较大的局限性[93]。

1.3.1　差异性分析

粗糙集理论、模糊集理论、随机理论、灰色理论在处理不确定性和不精确性问题方面都推广普通的集合论。它们都是研究信息系统中知识不完全、不确定问题的重要方法。但它们的着眼点和研究方法是不同的(表 1.2)。

表 1.2　粗糙集理论与模糊集理论、随机理论、灰色理论的比较[93]

比较内容	粗糙集理论	模糊集理论	随机理论	灰色理论
对象间关系的基础	对象间的不可分辨关系	概念边界不分明性	数据的随机性	部分信息已知,部分信息未知
不精确刻画方法	粗糙度	隶属程度	概率	灰色测度
研究方法	对象的分类	隶属函数	概率密度函数	灰色序列生成

比较内容	粗糙集理论	模糊集理论	随机理论	灰色理论
对知识的近似描述	上下近似集	隶属程度	概率	灰数
先验知识	不需要	需要	需要	不需要
计算方法	粗糙度函数与上下近似集	连续特征函数的产生	数学期望与方差	灰数白化与灰度

（1）粗糙集理论着眼于集合的粗糙程度；模糊集理论着眼于集合的模糊性；随机理论着眼于集合的随机性；灰色理论着眼于集合的灰色朦胧性。

（2）粗糙集理论基于集合中对象间的不可分辨性思想；模糊集理论建立集合子集边缘的病态定义模型；随机理论基于集合中随机事件发生的概率；灰色理论基于灰序列的生成。

（3）从知识的"粒度"的描述上来看，粗糙集理论是通过一个集合关于某个可利用的知识库的上下近似来描述的；模糊集理论是通过对象关于集合的隶属程度来描述的；随机理论是通过集合中对象出现的可能性来描述的；灰色理论则强调"少数据建模"。

（4）从集合的关系来看，粗糙集理论强调的是对象间的不可分辨性；模糊集理论强调的是集合边界的病态定义，即边界的不分明性；随机理论则强调集合中事件的随机性；灰色理论强调的是贫信息不确定性。

（5）从研究的对象来看，粗糙集理论研究的是不同类对象组成的集合关系，强调分类；模糊集理论研究同一类的不同对象间的隶属关系，强调隶属程度；随机理论研究不同对象的概率分布情况（概率密度函数），强调概率；灰色理论研究的是"外延明确、内涵不明确"的对象。

（6）粗糙集理论的计算方法是利用粗糙隶属函数与上下近似函数；模糊集理论的计算方法主要依赖连续特征函数；随机理论的计算则是通过期望函数或方差进行；灰色理论则侧重于灰数的产生。

1.3.2　互补性分析

由于 Pawlak 的粗糙集理论是基于可利用信息的完全性的，它对不确定集合的分析是客观的，但该理论忽视了可利用信息的模糊性和可能存在的统计信息，而模糊集的隶属函数多数是凭经验给出的，随机理论的概率值也是由人们的经验和知识（主观概率）或事件在大量的重复实验结果中的相对频率(客观概率)来表达的。因而,它们都有明显的主观性。我们在研究决策问题时如果能够将粗糙集理论与模糊集理论、随机理论、灰色理论结合起来考虑,将会得到更好的效果。

(1)模糊粗糙集

当知识库中的知识模块是清晰的概念,而被描述的概念模糊时,人们可以通过建立模糊粗糙集模型来解决此类问题。这时如果把模糊集中的隶属度看作模糊集理论中的属性值,知识表达的模糊性依赖于对象的可用属性值描述,数据库中病态描述的对象可以用属性值集合的可能性分布来表达,这些可能性分布就构成了模糊粗糙集模型。

(2)概率粗糙集和随机粗糙集

Pawlak 粗糙集模型是基于确定性知识库的,即它的近似空间是完全确定的,因此它忽视了可利用信息库的不确定性。若仍旧按照 Pawlak 粗糙集模型来处理随机产生的知识库的数据等,就不能完全反映问题的实质,为此可将粗糙集理论与随机理论结合起来,建立相应的概率粗糙集或随机粗糙集。

① 概率粗糙集。设 U 是有限对象构成的论域,R 是 U 上的等价关系,其构成的等价类为:

$$U/R = \{X_1, X_2, \cdots, X_n\} \tag{1.1}$$

令 P 为定义在 U 的子集类构成的代数上的概率测度,三元组 $A_p = (U, R, P)$ 称为近似空间。U 中的每个子集称为概念,它代表了一个随机事件。$P(X/Y)$ 表示事件 Y 发生的情况下 X 出现的条件概率,也可以解释为随机选择的对象在概念 Y 的描述下属于 X 的概率。

设 $0 \leqslant \beta < a < 1$,对于任意的 $X \subseteq U$,定义 X 关于概率近似空间 $A_p = (U, R, P)$ 依参数 a, β 的概率下近似 $\underline{PI}_a(X)$ 和上近似 $\overline{PI}_\beta(X)$。当 $\underline{PI}_a(X) = \overline{PI}_\beta(X)$ 时,称 X 依参数 a, β 关于 A_p 是概率可定义的,否则称 X 依参数 a, β 关于 A_p 是概率粗糙集。

② 随机粗糙集。设 U 和 W 是两个有限非空集合,$X \subseteq U$,$(U, 2u, p)$ 为概率空间,显然 $[2u, a(2TM)]$ 是一个可测空间,这样任何一个集值函数 $F: U \to 2TM$ 都是随机集,称四元有序组 (U, W, F, p) 为随机集近似空间。此时,称 X 关于近似空间 A_p 是可定义的,否则称 X 关于近似空间 A_p 是粗糙的。

目前人们处理不确定性问题时,一般是通过模糊集理论、随机理论或灰色理论来进行的。而粗糙集理论解决问题的出发点是系统中元素的不确定性和不可分辨性。如果将该理论与上述不确定性理论结合起来进行研究,则可以更客观、更有效地处理现实中越来越复杂的不确定性问题,从而弥补单一理论研究处理不确定性问题时的不足。对粗糙集理论与模糊集理论、随机理论、灰色理论从"差异性"和"互补性"两个方面进行比较分析,发现将粗糙集理论与其他不确定性理论结合起来处理不确定性问题将会使结果更加客观、有效。

第 2 章　　基本概念

粗糙集[17,39,40]可以有效地处理不精确、不完整等各种不完备的信息与知识。使用粗糙集时,不需要其他任何先验知识,就可以通过直接对数据进行分析和推理,发现其中隐含的知识与潜在的规律,从而进行分类或决策。粗糙集理论的提出给分类领域和信息领域提供了新的理论支持、逻辑支撑,使得业界对于信息优化、数据分类方面的研究有了新的途径和手段。作为一种数学思想,粗糙集理论有着严谨的数学思维和理论逻辑,了解和掌握粗糙集的相关理论知识有助于更好地理解粗糙集的相关技术思想。

模糊粗糙集[94]将粗糙集中的等价关系替换成模糊等价关系,并将处理的数据类型从离散扩展到连续,克服了粗糙集约简需要离散化的缺陷。本章主要介绍经典粗糙集模型的基本概念,为后续各章打下基础。

2.1　经典粗糙集理论

传统粗糙集认为知识就是一种对对象进行分类的能力,这里的对象可以是任何事物。经典粗糙集的提出给数据分类和简化提供了一种新的思路[21]。

2.1.1　知识与知识库

设 $U \neq \varnothing$ 是我们感兴趣的对象组成的有限集合,称为论域。任何子集 $X \subseteq U$,称为 U 中的一个概念或范畴。为规范化,我们认为空集也是一个概念。U 中的任何概念簇称为关于 U 的抽象知识。一个划分 δ 定义为:

$$\delta = \{X_1, X_2, \cdots, X_n\}$$

对于 $X_i \subseteq U, X_i \neq \varnothing, X_i \bigcap X_j = \varnothing, i \neq j, i, j = 1, 2, \cdots, n; \bigcup\limits_{i=1}^{n} X_i = U$。$U$ 上的一簇划分称为关于 U 的一个知识库。

设 R 是 U 上的一簇等价关系，U/R 表示 R 的所有等价类（或者 U 上的分类）构成的集合，$[x]_R$ 表示包含元素 $x \in U$ 的 R 等价类。一个知识库就是一个关系系统 $K = (U, R)$，其中，U 为非空有限集，称为论域，R 是 U 上的一簇等价关系。

若 $P \subseteq R$，且 $P \neq \varnothing$，则 $\bigcap P$（P 中所有等价关系的交集）也是一个等价关系，称为 P 上的不可区分关系，记为 $IND(P)$，且有：

$$[x]_{IND(P)} = \bigcap_{R \in P} [x]_R \tag{2.1}$$

这样，$U/IND(P)$ [即等价关系 $IND(P)$ 的所有等价类] 表示与等价关系簇 P 相关的知识，称为 K 中关于 U 的 P 基本知识（P 基本集）。为简单起见，我们用 U/P 代替 $U/IND(P)$，$IND(P)$ 的等价类称为知识 P 的基本概念或基本范畴。特别地，如果 $Q \in R$，则称 Q 为 K 中关于 U 的 Q 初等知识，Q 的等价类为知识 P 的 Q 初等概念或 Q 初等范畴。

事实上，P 的基本范畴是拥有知识 P 的论域的基本特性。换句话说，它们是知识的基本模块。

同样，我们也可以定义：当 $K = (U, R)$ 为一个知识库，$IND(K)$ 为 K 中所有等价类的簇，记作 $IND(K) = \{IND(P) | \varnothing \neq P \subseteq R\}$。

▾▴ **例 2.1.1**　给定一玩具积木的集合 $U = \{x_1, x_2, \cdots, x_8\}$，并假设这些积木有不同的颜色（红色、黄色、蓝色）、形状（方形、圆形、三角形）、体积（小、大）。因此，这些积木都可以用颜色、形状、体积这些知识来描述。例如一块积木可以是红色、小、圆形的，或黄色、大、方形的等。如果我们根据某一属性描述这些积木的情况，就可以按颜色、形状、体积分类。

按颜色分类：

x_1, x_3, x_7——红色；

x_2, x_4——蓝色；

x_5, x_6, x_8——黄色。

按形状分类：

x_1, x_5——圆形；

x_2, x_6——方形；

x_3, x_4, x_7, x_8——三角形。

按体积分类：

x_2, x_7, x_8——大；

x_1, x_3, x_4, x_5, x_6——小。

换言之，我们定义三个等价关系（即属性），即颜色 R_1、形状 R_2 和体积 R_3，通过这些等价关系，可以得到下面三个等价类：

$$U/R_1 = \{\{x_1, x_3, x_7\}, \{x_2, x_4\}, \{x_5, x_6, x_8\}\}$$
$$U/R_2 = \{\{x_1, x_5\}, \{x_2, x_6\}, \{x_3, x_4, x_7, x_8\}\}$$
$$U/R_3 = \{\{x_2, x_7, x_8\}, \{x_1, x_3, x_4, x_5, x_6\}\}$$

这些等价类是由知识库 $K = (U, \{R_1, R_2, R_3\})$ 中的初等概念（初等范畴）构成的。

基本范畴是初等范畴的交集构成的。

例如，集合

$$\{x_1, x_3, x_7\} \bigcap \{x_3, x_4, x_7, x_8\} = \{x_3, x_7\}$$
$$\{x_2, x_4\} \bigcap \{x_2, x_6\} = \{x_2\}$$
$$\{x_5, x_6, x_8\} \bigcap \{x_3, x_4, x_7, x_8\} = \{x_8\}$$

分别为 $\{R_1, R_2\}$ 的基本范畴，即红色三角形、蓝色方形、黄色三角形。

集合

$$\{x_1, x_3, x_7\} \bigcap \{x_3, x_4, x_7, x_8\} \bigcap \{x_2, x_7, x_8\} = \{x_7\}$$
$$\{x_2, x_4\} \bigcap \{x_2, x_6\} \bigcap \{x_2, x_7, x_8\} = \{x_2\}$$
$$\{x_5, x_6, x_8\} \bigcap \{x_3, x_1, x_7, x_8\} \bigcap \{x_2, x_7, x_8\} = \{x_8\}$$

分别为 $\{R_1, R_2, R_3\}$ 的基本范畴，即红色大三角形、蓝色大方形、黄色大三角形。

集合

$$\{x_1, x_3, x_7\} \bigcup \{x_2, x_4\} = \{x_1, x_2, x_3, x_4, x_7\}$$
$$\{x_2, x_4\} \bigcup \{x_5, x_6, x_8\} = \{x_2, x_4, x_5, x_6, x_8\}$$
$$\{x_1, x_3, x_7\} \bigcup \{x_5, x_6, x_8\} = \{x_1, x_3, x_5, x_6, x_7, x_8\}$$

分别为 $\{R_1\}$ 的范畴，即红色或蓝色（非黄色），蓝色或黄色（非红色），红色或黄色（非蓝色）。

注：有些范畴在这个知识库中是无法得到的。

例如，集合

$$\{x_2, x_4\} \bigcap \{x_1, x_5\} = \varnothing$$
$$\{x_1, x_3, x_7\} \bigcap \{x_2, x_6\} = \varnothing$$

为空集,也就是说,在我们的知识库中不存在蓝色圆形和红色方形的范畴,即为空范畴。

下面讨论两个知识库之间的关系。

令有 $K = (U,P)$ 和 $K' = (U,Q)$ 两个知识库,当 $IND(P) \subset IND(Q)$ 时,我们称知识 P(知识库 K)比知识 Q(知识库 K')更精细,或者说 Q 比 P 更粗糙。当 P 比 Q 更精细时,我们也称 P 为 Q 的特化,Q 为 P 的推广。这意味着,推广是将某些范畴组合在一起,而特化则是将范畴分割成更小的单元。

2.1.2　上下近似集及性质

令 $X \subseteq U$,R 为 U 上的一个等价关系。当 X 能表达成某些 R 基本范畴的并时,称 X 是 R 可定义的;否则称 X 是 R 不可定义的。

R 可定义集是论域的子集,它在知识库 K 中可精确地定义,而 R 不可定义集不能在这个知识库中定义。R 可定义集也称作 R 精确集,而 R 不可定义集也称为 R 非精确集或 R 粗糙集。

当存在等价关系 $R \in IND(K)$ 且 X 为 R 精确集时,集合 $X \subseteq U$ 称为 K 中的精确集;当对于任何 $R \in IND(K)$,X 都为 R 粗糙集,则 X 称为 K 中的粗糙集。

在粗糙集理论中,一个粗糙集可以被两个精确集来近似描述,即用粗糙集的上近似和下近似来描述。

给定知识库 $K = (U,R)$,对于每个子集 $X \subseteq U$ 和一个等价关系 $R \in IND(K)$,定义两个子集:

$$\underline{R}X = \bigcup \{Y \in U/R \,|\, Y \subseteq X\} \tag{2.2}$$

$$\overline{R}X = \bigcup \{Y \in U/R \,|\, Y \cap X \neq \varnothing\} \tag{2.3}$$

分别称为 X 的 R 下近似集和 R 上近似集。

下近似、上近似也可用下面的等式表达:

$$\underline{R}X = \{x \in U \,|\, [x]_R \subseteq X\} \tag{2.4}$$

$$\overline{R}X = \{x \in U \,|\, [x]_R \cap X \neq \varnothing\} \tag{2.5}$$

集合 $BN_R(X) = \overline{R}X - \underline{R}X$ 称为 R 的边界域;$POS_R(X) = \underline{R}X$ 称为 R 的正区域;$NEG_R(X) = U - \overline{R}X$ 称为 R 的负区域。

$POS_R(X)$ 或 $\underline{R}X$ 是由那些根据知识 R 判断肯定属于 X 的 U 中元素组

成的集合；$\overline{R}X$ 是由那些根据知识 R 判断可能属于 X 的 U 中元素组成的集合；$BN_R(X)$ 是由那些根据知识 R 既不能判断肯定属于 X、又不能判断肯定属于 $\sim X$（即 $U-X$）的 U 中元素组成的集合；$NEG_R(X)$ 是由那些根据知识 R 判断肯定不属于 X 的 U 中元素组成的集合。

下列性质是显而易见的。

定理 2.1.1

(1) X 为 R 可定义集,当且仅当 $\underline{R}X = \overline{R}X$。

(2) X 为 R 粗糙集,当且仅当 $\underline{R}X \neq \overline{R}X$。

我们也可将 $\underline{R}X$ 描述为 X 中的最大可定义集,将 $\overline{R}X$ 描述为含有 X 的最小可定义集。

这样,范畴就是可以用已知知识表达的信息项。换句话说,范畴就是可用我们的知识表达的具有相同性质的对象的子集。一般地说,在一给定的知识库中,并不是所有对象的子集都可以构成范畴(即用知识表达的概念)。因此,这样的子集可以看作粗范畴(即不精确或近似范畴)。它只能利用知识的两个精确范畴,即上下近似集粗略地定义。

由近似的定义,我们可以直接得到 R 下近似集和 R 上近似集的下列性质。

定理 2.1.2

(1) $\underline{R}X \subseteq X \subseteq \overline{R}X$。

(2) $\underline{R}\varnothing = \overline{R}\varnothing = \varnothing, \underline{R}U = \overline{R}U = U$。

(3) $\overline{R}(X \bigcup Y) = \overline{R}X \bigcup \overline{R}Y$。

(4) $\underline{R}(X \bigcap Y) = \underline{R}X \bigcap \underline{R}Y$。

(5) $X \subseteq Y \Rightarrow \underline{R}X \subseteq \underline{R}Y$。

(6) $X \subseteq Y \Rightarrow \overline{R}X \subseteq \overline{R}Y$。

(7) $\underline{R}(X \bigcup Y) \supseteq \underline{R}X \bigcup \underline{R}Y$。

(8) $\overline{R}(X \bigcap Y) \subseteq \overline{R}X \bigcap \overline{R}Y$。

(9) $\underline{R}(\sim X) = \sim \overline{R}X$。

(10) $\overline{R}(\sim X) = \sim \underline{R}X$。

(11) $\underline{R}(\underline{R}(X)) = \overline{R}(\underline{R}X) = \underline{R}X$。

(12) $\overline{R}(\overline{R}X) = \underline{R}(\overline{R}X) = \overline{R}X$。

证明　如图 2.1 所示。

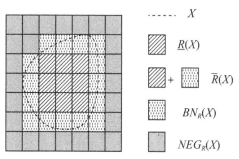

$\cdots\cdots$　$\overline{X}$

$R(X)$

$+$　$\overline{R}(X)$

$BN_R(X)$

$NEG_R(X)$

图 2.1　集合 X 的上下近似及边界域

(1a) 设 $x \in \underline{R}(X)$,则 $[x] \subseteq X$;而 $x \in [x]$,所以 $x \in X, \underline{R}(X) \subseteq X$。

(1b) 设 $x \in X$,则 $[x] \cap X \neq \varnothing, x \in \overline{R}(X)$。因此,$X \subseteq \overline{R}(X)$。

(2a) 由 (1) 知,$\underline{R}\varnothing \subseteq \varnothing$,而 $\varnothing \subseteq \underline{R}\varnothing$,因此 $\underline{R}\varnothing = \varnothing$。

(2b) 假设 $\overline{R}\varnothing \neq \varnothing$,则存在 x,使得 $x \in \overline{R}\varnothing$,即 $[x] \cap \varnothing \neq \varnothing$,而 $[x] \cap \varnothing = \varnothing$,与假设矛盾,因此 $\overline{R}\varnothing = \varnothing$。

(2c) 由 (1) 知,$\underline{R}U \subseteq U$。又因为当 $x \in U$ 时,有 $[x] \subseteq U$,所以 $x \in \underline{R}U$,即 $U \subseteq \underline{R}U$。因此,$\underline{R}U = U$。

(2d) 由 (1) 知,$\overline{R}U \supseteq U$,但 $\overline{R}U \subseteq U$。因此,$\overline{R}U = U$。

$(3) x \in \overline{R}(X \cup Y) \Leftrightarrow [x] \cap (X \cup Y) \neq \varnothing$

$$\Leftrightarrow ([x] \cap X) \cup ([x] \cap Y) \neq \varnothing$$

$$\Leftrightarrow [x] \cap X \neq \varnothing \vee [x] \cap Y \neq \varnothing$$

$$\Leftrightarrow x \in \overline{R}X \vee x \in \overline{R}Y$$

$$\Leftrightarrow x \in \overline{R}X \cup \overline{R}Y$$

因此 $\overline{R}(X \cup Y) = \overline{R}X \cup \overline{R}Y$。

(4) $x \in \underline{R}(X \cap Y) \Leftrightarrow [x] \subseteq X \cap Y$

$$\Leftrightarrow [x] \subseteq X \wedge [x] \subseteq Y$$

$$\Leftrightarrow x \in \underline{R}X \cap \underline{R}Y$$

因此 $\underline{R}(X \cap Y) = \underline{R}X \cap \underline{R}Y$。

(5) 设 $X \subseteq Y$,则 $X \cap Y = X$,所以 $\underline{R}(X \cap Y) = \underline{R}X$。由 (4) 知,$\underline{R}X \cap \underline{R}Y = \underline{R}X$,所以 $\underline{R}X \subseteq \underline{R}Y$。

(6) 设 $X \subseteq Y$,则 $X \cup Y = Y$,所以 $\overline{R}(X \cup Y) = \overline{R}Y$。由 (3) 知,$\overline{R}X \cup \overline{R}Y = \overline{R}Y$,因此 $\overline{R}X \subseteq \overline{R}Y$。

(7) 因为 $X \subseteq X \bigcup Y, Y \subseteq X \bigcup Y$, 所以 $\underline{R}X \subseteq \underline{R}(X \bigcup Y), \underline{R}Y \subseteq \underline{R}(X \bigcup Y)$, 故 $\underline{R}X \bigcup \underline{R}Y \subseteq \underline{R}(X \bigcup Y)$。

(8) 因为 $X \bigcap Y \subseteq X, X \bigcap Y \subseteq Y$, 所以 $\overline{R}(X \bigcap Y) \subseteq \overline{R}X, \overline{R}(X \bigcap Y) \subseteq \overline{R}Y$, 故 $\overline{R}(X \bigcap Y) \subseteq \overline{R}X \bigcap \overline{R}Y$。

(9) 因为 $x \in \underline{R}X \Leftrightarrow [x] \subseteq X \Leftrightarrow [x] \bigcap (\sim X) = \varnothing$
$$\Leftrightarrow x \notin \overline{R}(\sim X) \Leftrightarrow x \in \sim \overline{R}(\sim X)$$
所以 $\underline{R}X = \sim \overline{R}(\sim X)$。

(10) 在(9) 中用 $\sim X$ 代替 X, 得 $\underline{R}(\sim X) = \sim \overline{R}X$。

(11a) 由(1) 知, $\underline{R}(\underline{R}X) \subseteq \underline{R}X$。又当 $x \in \underline{R}X$ 时, 有 $[x] \subseteq X$, 因此 $\underline{R}[x] \subseteq \underline{R}X$。但 $\underline{R}([x]) = [x]$, 于是 $[x] \subseteq \underline{R}X$, 所以 $x \in \underline{R}(\underline{R}X)$, 即 $\underline{R}X \subseteq \underline{R}(\underline{R}X)$。故 $\underline{R}(\underline{R}X) = \underline{R}X$。

(11b) 由(1) 知, $\underline{R}X \subseteq \overline{R}(\underline{R}X)$。又当 $x \in \overline{R}(\underline{R}X)$, 有 $[x] \bigcap \underline{R}X \neq \varnothing$, 即存在 $y \in [x]$, 使得 $y \in \underline{R}(X)$, 所以 $[y] \subseteq X$, 但 $[x] = [y]$, 这样就有 $[x] \subseteq X$, 即 $x \in \underline{R}X$, 因此, $\underline{R}X \supseteq \overline{R}(\underline{R}X)$。故 $\overline{R}(\underline{R}X) = \underline{R}X$。

(12a) 由(1) 知, $\overline{R}X \subseteq \overline{R}(\overline{R}X)$, 又当 $x \in \overline{R}(\overline{R}X)$ 时, 有 $[x] \bigcap \overline{R}(X) \neq \varnothing$。因此存在 $y \in [x]$ 且 $y \in \overline{R}X$, 所以 $[y] \bigcap X \neq \varnothing$。但 $[y] = [x]$, 所以 $[x] \bigcap X \neq \varnothing$, 即 $x \in \overline{R}X$, 则有 $\overline{R}X \supseteq \overline{R}(\overline{R}X)$。故 $\overline{R}(\overline{R}X) = \overline{R}X$。

(12b) 由(1) 知, $\underline{R}(\overline{R}X) \subseteq \overline{R}X$。又当 $x \in \overline{R}(X)$ 有 $[x] \bigcap X \neq \varnothing$, 所以 $[x] \subseteq \overline{R}X$ (因为任取 $y \in [x]$ 时, 则有 $[y] \bigcap X = [x] \bigcap X \neq \varnothing$, 即 $y \in \overline{R}X$), 即 $x \in \underline{R}(\overline{R}X)$, 这样就有 $\underline{R}(\overline{R}X) \supseteq \overline{R}X$, 故 $\underline{R}(\overline{R}X) = \overline{R}X$。

集合近似的概念引出了一个新的概念——成员关系。因为在我们的方法中, 对于一个集合的定义是与集合的知识相联系的, 所以成员关系一定也和知识有关, 形式上可以定义为:
$$x \underline{\in}_R X, 当且仅当 x \in \underline{R}X$$
$$x \overline{\in}_R X, 当前仅当 x \in \overline{R}X$$

其中, $\underline{\in}_R$ 表示根据 R, x 肯定属于 X; $\overline{\in}_R$ 表示根据 R, x 可能属于 X。分别称 $\underline{\in}_R$ 和 $\overline{\in}_R$ 为下和上成员关系。

成员关系依赖于我们的知识, 即一个对象是否属于一个集合依赖于我们的知识, 并且这不是绝对特性。

由定理 2.1.2 我们可以得到成员关系的性质。

定理 2.1.3

(1) $x \underline{\in} X$ 蕴含 $x \in X$ 蕴含 $x \overline{\in} X$。

(2) $X \subseteq Y$ 蕴含 ($x \underline{\in} X$ 蕴含 $x \underline{\in} Y$ 且 $x \overline{\in} X$ 蕴含 $x \overline{\in} Y$)。

(3) $x \overline{\in} (X \cup Y)$,当且仅当 $x \overline{\in} X$ 或 $x \overline{\in} Y$。

(4) $x \underline{\in} (X \cap Y)$,当且仅当 $x \underline{\in} X$ 且 $x \underline{\in} Y$。

(5) $x \underline{\in} X$ 或 $x \underline{\in} Y$ 蕴含 $x \underline{\in} (X \cup Y)$。

(6) $x \overline{\in} (X \cap Y)$ 蕴含 $x \overline{\in} X$ 且 $x \overline{\in} Y$。

(7) $x \underline{\in} \sim X$,当且仅当 $x \overline{\in} X$ 不成立。

(8) $x \overline{\in} \sim X$,当且仅当 $x \underline{\in} X$ 不成立。

注:为简单起见,我们省略了以上式子中的下标 R。

集合(范畴)的不精确性是由边界域引起的。集合的边界域越大,其精确性越低。为了更准确地表达这一点,我们引入精度的概念。由等价关系 R 定义的集合 X 的近似精度为:

$$\alpha_R(X) = \frac{|\underline{R}X|}{|\overline{R}X|} \qquad (2.6)$$

其中,$X \neq \varnothing$, $|X|$ 表示 X 的基数。

精度 $\alpha_R(X)$ 用来反映我们对集合 X 的知识了解的完全程度。显然,对每一个 R 和 $X \subseteq U$,有 $0 \leqslant \alpha_R(X) \leqslant 1$。当 $\alpha_R(X) = 1$ 时,X 的 R 边界域为空集,集合 X 为 R 可定义的;当 $\alpha_R(X) < 1$ 时,集合 X 有非空 R 边界域,集合 X 为 R 不可定义的。

当然,其他一些量度同样可用来定义集合 X 的不精确程度。

例如,可用 $\alpha_R(X)$ 的一种变形,即 X 的 R 粗糙度 $\rho_R(X)$ 来定义。

$$\rho_R(X) = 1 - \alpha_R(X) \qquad (2.7)$$

X 的 R 粗糙度与精度恰恰相反,它表示的是集合 X 的知识的不完全程度。

可以看出,与概率论和模糊集理论不同,不精确的数值不是事先假定的,而是通过表达不精确的知识概念近似计算得到的。这样不精确的数值表示的是有限知识(对象分类能力)的结果。我们不需要用一个机构来指定精确的数值去表达不精确的知识,而是采用量化概念(分类)来处理。不精确的数值特征用来表示概念的精度。

除了用数值(近似程度的精度)来表示粗糙集的特征外,也可根据上下近似的定义来表示粗糙集的另一个有用的特征,即拓扑特征。

下面定义四种不同的重要粗糙集。

(1) 如果 $\underline{R}X \neq \varnothing$ 且 $\overline{R}X \neq U$,则称 X 为 R 粗糙可定义。

(2) 如果 $\underline{R}X = \varnothing$ 且 $\overline{R}X \neq U$,则称 X 为 R 内不可定义。

(3) 如果 $\underline{R}X \neq \varnothing$ 且 $\overline{R}X = U$,则称 X 为 R 外不可定义。

(4) 如果 $\underline{R}X = \varnothing$ 且 $\overline{R}X = U$,则称 X 为 R 全不可定义。

这些划分的直观意义如下。

如果集合 X 为 R 粗糙可定义,则意味着我们可以确定 U 中某些元素属于 X 或 $\sim X$。

如果集合 X 为 R 内不可定义,则意味着我们可以确定 U 中某些元素是否属于 $\sim X$,但不能确定 U 中的任一元素是否属于 X。

如果集合 X 为 R 外不可定义,则意味着我们可以确定 U 中某些元素是否属于 X,但不能确定 U 中的任一元素是否属于 $\sim X$。

如果集合 X 为 R 全不可定义,则意味着我们不能确定 U 中任一元素是否属于 X 或 $\sim X$。

下面我们给出集合拓扑划分的一个有用性质。

定理 2.1.4

(1) 集合 X 为 R 粗糙可定义(或 R 全不可定义),当且仅当 $\sim X$ 为 R 粗糙可定义(或 R 全不可定义)。

(2) 集合 X 为 R 外(内)不可定义,当且仅当 $\sim X$ 为 R 内(外)不可定义。

证 (1) 设 X 为 R 粗糙可定义,则 $\underline{R}X \neq \varnothing$,$\overline{R}X \neq U$。

$\underline{R}X \neq \varnothing \Leftrightarrow$ 存在 $x \in X$,使得:

$$[x]_R \subseteq X \Leftrightarrow [x]_R \cap \sim X = \varnothing \Leftrightarrow \overline{R}(\sim X) \neq U$$

类似地,$\overline{R}X \neq U \Leftrightarrow$ 存在 $y \in U$,使得:

$$[y]_R \cap \overline{R}X = \varnothing \Leftrightarrow [y]_R \subseteq \sim \overline{R}X \Leftrightarrow [y]_R \subseteq \underline{R}(\sim X) \Leftrightarrow \underline{R}(\sim X) \neq \varnothing$$

同理可证其余情况。

至此,已经介绍了两种刻画粗糙集的方法。其一为用近似程度的精度来表示粗糙集的数字特征;其二为用粗糙集的分类表示粗糙集的拓扑特征。粗糙集的数字特征表示了集合边界域的大小,但没有说明边界域的结构;而粗糙集的拓扑特征没有给出边界域的大小信息,它提供的是边界域的结构信息。

此外,粗糙集的数字特征和粗糙集的拓扑特征之间存在如下关系。首先,如果集合为内不可定义或全不可定义,则其精度为 0;其次,当集合为外不可定义或全不可定义,则它的补集的精度为 0。这样,我们即使知道了集合的精度,也不能确定它的拓扑结构;反过来,集合的拓扑结构也不具备精度的信息。

因此在粗糙集的实际应用中,我们需要将边界域的两种信息结合起来,既要考虑精度因素,又要考虑到集合的拓扑结构。

✿ 例 2.1.2　给定一知识库 $K = (U, R)$ 和一个等价关系 $R \in IND(K)$,其中,$U = \{x_0, x_1, \cdots, x_{10}\}$,且有 R 的下列等价类为:

$$E_1 = \{x_0, x_1\}$$
$$E_2 = \{x_2, x_6, x_9\}$$
$$E_3 = \{x_3, x_5\}$$
$$E_4 = \{x_4, x_8\}$$
$$E_5 = \{x_7, x_{10}\}$$

集合 $X_1 = \{x_0, x_1, x_4, x_8\}$ 为 R 可定义集,因为

$$\underline{R}X_1 = \overline{R}X_1 = E_1 \bigcup E_4$$

集合 $X_2 = \{x_0, x_3, x_4, x_5, x_8, x_{10}\}$ 为 R 粗糙可定义集。

X_2 的近似集中,边界和精度为:

$$\underline{R}X_2 = E_3 \bigcup E_4 = \{x_3, x_4, x_5, x_8\}$$
$$\overline{R}X_2 = E_1 \bigcup E_3 \bigcup E_4 \bigcup E_5 = \{x_0, x_1, x_3, x_4, x_5, x_7, x_8, x_{10}\}$$
$$BN_R(X_2) = E_1 \bigcup E_5 = \{x_0, x_1, x_7, x_{10}\}$$
$$\alpha_R(X_2) = 4/8 = 1/2$$

集合 $X_3 = \{x_0, x_2, x_3\}$ 为 R 内不可定义,因为

$$\underline{R}X_3 = \varnothing$$
$$\overline{R}X_3 = E_1 \bigcup E_2 \bigcup E_3 = \{x_0, x_1, x_2, x_3, x_5, x_6, x_9\} \neq U$$

集合 $X_4 = \{x_0, x_1, x_2, x_3 x_4, x_7\}$ 为 R 外不可定义。

X_4 的近似集中,边界和精度为:

$$\underline{R}X_4 = E_1 = \{x_0, x_1\}$$
$$\overline{R}X_4 = U$$
$$BN_R(X_4) = E_2 \bigcup E_3 \bigcup E_4 \bigcup E_5 = \{x_2, x_3, x_4, x_5, x_6, x_7, x_8, x_9, x_{10}\}$$
$$\alpha_R(X_3) = 2/11$$

集合 $X_5 = \{x_0, x_2, x_3, x_4, x_7\}$ 为 R 全不可定义,因为

$$\underline{R}X_1 = \varnothing, \overline{R}X_5 = U$$

下面讨论近似分类问题。

令 $F = \{X_1, X_2, \cdots, X_n\}$ 是 U 的一个分类或划分,这个分类独立于知识 R。例如,它可能由一个专家为解决一个分类问题而给出,子集 $X_i (i = 1, 2, \cdots, n)$ 是划分 F 的类。F 的 R 下近似和 R 上近似分别定义为 $\underline{R}F = \{\underline{R}X_1, \underline{R}X_2, \cdots, \underline{R}X_n\}$ 和 $\overline{R}F = \{\overline{R}X_1, \overline{R}X_2, \cdots, \overline{R}X_n\}$。

定义两个量度来描述近似分类的不精确性。

第一个量度为根据 R, F 的近似分类精度:

$$\alpha_R(F) = \frac{\sum\limits_{i=1}^{n} |\underline{R}X_i|}{\sum\limits_{i=1}^{n} |\overline{R}X_i|} \tag{2.8}$$

第二个量度为根据 R, F 的近似分类质量:

$$\gamma_R(F) = \frac{\sum\limits_{i=1}^{n} |\underline{R}X_i|}{|U|} \tag{2.9}$$

近似分类的精度描述的是当使用知识 R 对对象分类时,可能的决策中正确决策的百分比;分类的质量表示的是使用知识 R 能确切地划入 F 类的对象的百分比。

粗糙集概念和通常的集合有着本质的区别,在集合的相等上也有一个重要区别。在普通集合里,如果两个集合有完全相同的元素,则这两个集合相等。在粗糙集理论中,我们需要另一种集合相等的概念,即近似(粗糙)相等。两个集合在普通集里不是相等的,但在粗糙集里可能是近似相等的,因为两个集合是否近似相等是根据我们得到的知识判断的。

现在介绍三种集合的近似相等的定义。

令 $K = (U, R)$ 是一个知识库,$X, Y \subseteq U$ 且 $R \in IND(K)$。

(1)若 $\underline{R}X = \underline{R}Y$,则称集合 X 和 Y 为 R 下粗相等,记作 $X \eqsim_R Y$。

(2)若 $\overline{R}X = \overline{R}Y$,则称集合 X 和 Y 为 R 上粗相等,记作 $X \simeq_R Y$。

(3)若 $X \eqsim_R Y$ 且 $X \simeq_R Y$,则称集合 X 和 Y 为 R 相等,记作 $X \approx_R Y$。

易知,对于任何不可区分关系 $R, \eqsim_R, \simeq_R$ 有下列基本性质。

定理 2.1.5 对于任何等价关系,有下列性质。

(1) $X \approx Y$, 当且仅当 $(X \cap Y) \approx X$ 且 $(X \cap Y) \approx Y$。

(2) $X \simeq Y$, 当且仅当 $(X \cup Y) \simeq X$ 且 $(X \cup Y) \simeq Y$。

(3) 若 $X \simeq X'$ 且 $Y \simeq Y'$, 则 $X \cup Y \simeq X' \cup Y'$。

(4) 若 $X \approx X'$ 且 $Y \approx Y'$, 则 $X \cap Y \approx X' \cap Y'$。

(5) 若 $X \simeq Y$, 则 $X \cup \sim Y \simeq U$。

(6) 若 $X \approx Y$, 则 $X \cap \sim Y \approx \varnothing$。

(7) 若 $X \subseteq Y$ 且 $Y \simeq \varnothing$, 则 $X \simeq \varnothing$。

(8) 若 $X \subseteq Y$ 且 $X \simeq U$, 则 $Y \simeq U$。

(9) $X \simeq Y$, 当且仅当 $\sim X \approx \sim Y$。

(10) 若 $X \approx \varnothing$ 或 $Y \approx \varnothing$, 则 $X \cap Y \approx \varnothing$。

(11) 若 $X \simeq U$ 或 $Y \simeq U$, 则 $X \cup Y \simeq U$。

定理 2.1.6　对于任何等价关系 R, 有:

(1) $\underline{R}X$ 是所有满足 $X \approx_R Y$ 的集合 $Y \subseteq U$ 的交集。

(2) $\overline{R}X$ 是所有满足 $X \simeq_R Y$ 的集合 $Y \subseteq U$ 的并集。

集合论的基本概念之一是包含关系。在粗糙集框架下也可以引入类似的定义,集合的粗包含可用与集合的粗相等同样的方法定义。

令 $K = (U, R)$ 为一知识库, $X, Y \subseteq U$ 且 $R \in IND(K)$。

(1) 若 $\underline{R}X \subseteq \underline{R}Y$, 则称集合 X 为 R 下包含于 Y, 记作 $X \underset{\sim}{\subseteq}_R Y$。

(2) 若 $\overline{R}X \subseteq \overline{R}Y$, 则称集合 X 为 R 上包含于 Y, 记作 $X \widetilde{\subset}_R Y$。

(3) 若 $X \widetilde{\subset}_R Y$ 且 $X \underset{\sim}{\subseteq}_R Y$, 则称集合 X 为 R 包含于 Y, 记作 $X \underset{\sim}{\widetilde{\subseteq}}_R Y$。

易知, $\underset{\sim}{\subseteq}_R$、$\widetilde{\subset}_R$、$\underset{\sim}{\widetilde{\subseteq}}_R$ 为拟序关系。

从定义可以直接推导出下列简单性质。

定理 2.1.7

(1) 若 $X \subseteq Y$, 则 $X \underset{\sim}{\subseteq} Y$, $X \widetilde{\subset} Y$, $X \underset{\sim}{\widetilde{\subseteq}} Y$。

(2) 若 $X \underset{\sim}{\subseteq} Y$ 且 $Y \underset{\sim}{\subseteq} X$, 则 $X \approx Y$。

(3) 若 $X \widetilde{\subset} Y$ 且 $Y \widetilde{\subset} X$, 则 $X \simeq Y$。

(4) 若 $X \underset{\sim}{\widetilde{\subseteq}} Y$ 且 $Y \underset{\sim}{\widetilde{\subseteq}} X$, 则 $X \approx Y$。

(5) $X \widetilde{\subset} Y$, 当且仅当 $X \cup Y \simeq Y$。

(6) $X \underset{\sim}{\subseteq} Y$, 当且仅当 $X \cap Y \approx Y$。

(7) 若 $X \subseteq Y, X \approx X', Y \approx Y'$,则 $X' \underset{\sim}{\subseteq} Y'$。

(8) 若 $X \subseteq Y, X \simeq X', Y \simeq Y'$,则 $X' \underset{\sim}{\tilde{\subseteq}} Y'$。

(9) 若 $X \subseteq Y, X \approx X', Y \approx Y'$,则 $X' \underset{\approx}{\tilde{\subseteq}} Y'$。

(10) 若 $X' \underset{\sim}{\tilde{\subseteq}} X$ 且 $Y' \underset{\sim}{\tilde{\subseteq}} Y$,则 $X' \cup Y' \underset{\sim}{\tilde{\subseteq}} X \cup Y$。

(11) 若 $X' \underset{\sim}{\subseteq} X$ 且 $Y' \underset{\sim}{\subseteq} Y$,则 $X' \cap Y' \underset{\sim}{\subseteq} X \cap Y$。

(12) 若 $X \underset{\sim}{\subseteq} Y$ 且 $X \approx Z$,则 $Z \underset{\sim}{\subseteq} Y$。

(13) 若 $X \underset{\sim}{\tilde{\subseteq}} Y$ 且 $X \simeq Z$,则 $Z \underset{\sim}{\tilde{\subseteq}} Y$。

(14) 若 $X \underset{\sim}{\tilde{\subseteq}} Y$ 且 $X \approx Z$,则 $Z \underset{\approx}{\tilde{\subseteq}} Y$。

注:为简单起见,我们省略了以上式子中的下标 R。

将粗糙集的概念与普通集合论相比较,可以看出粗糙集的基本性质,如元素的成员关系、集合的等价和包含都与不可区分关系所表示的论域的知识有关。因此,一个元素是否属于某一集合,不是该元素的客观性质,而是取决于我们对它的了解程度。同样,集合的相等和包含没有绝对的意义,其取决于我们对研究问题中的集合的了解程度。

2.1.3 知识表达系统

知识表达在智能数据处理中占有十分重要的地位。

形式上,四元组 $S = (U, A, V, f)$ 是一个知识系统,其中,U 是对象的非空有限集合,称为领域;A 是属性的非空有限集合;$V = \bigcup\limits_{a \in A} V_a, V_a$ 是属性 a 的值域;$f: U \times A \rightarrow V$ 是一个信息函数,它为每个对象的每个属性赋予一个信息值,即 $\forall a \in A, x \in U, f(x, a) \in V_a$。

知识表达系统也称为信息系统。通常也用 $S = (U, A)$ 来代替 $S = (U, A, V, f)$。

知识表达系统的数据以关系表的形式表示。关系表的行对应要研究的对象,列对应对象的属性,对象的信息是通过指定对象各属性值来表达的。

容易看出,一个属性对应一个等价关系,一个表可以看作是定义的一簇等价关系,即知识库。前几节讨论的问题都可以用属性及属性值引入的分类来表示,知识约简可转换为属性约简。

 例 2.1.3 一个关于某些病人的知识表达系统见表 2.1。

表 2.1　病人情况表

病人	头痛	肌肉痛	体温
e_1	是	是	正常
e_2	是	是	高
e_3	是	是	很高
e_4	否	是	正常
e_5	否	否	高
e_6	否	是	很高

其中,$U = \{e_1,e_2,e_3,e_4,e_5,e_6\}$,$A = \{$头痛,肌肉痛,体温$\}$。

令 $P \subseteq A$,定义属性 P 的不可区分关系 $IND(P)$ 为:

$$IND(P) = \{(x,y) \in U \times U \mid \forall a \in P, f(x,a) = f(y,a)\}$$

如果$(x,y) \in IND(P)$,则称 x 和 y 是 P 不可区分的。容易证明 $\forall P \subseteq A$,不可区分关系 $IND(P)$ 是 U 上的等价关系,符号 $U/IND(P)$(简记为 U/P)表示不可区分关系 $IND(P)$ 在 U 上导出的划分,即 $IND(P)$ 中等价类 P 基本集。符号 $[x]_P$ 表示包含 $x \in U$ 的 P 等价类。

在不产生混淆的情况下,我们也用 P 代替 $IND(P)$。

在例 2.1.3 中,若取属性集 $P = \{$头痛,肌肉痛$\}$,$X = \{e_2,e_4,e_6\}$,则有:

$$U/P = \{\{e_1,e_2,e_3\},\{e_4,e_6\},\{e_5\}\}$$

P 基本集为$\{e_1,e_2,e_3\}$,$\{e_4,e_6\}$,$\{e_5\}$。

$$\underline{P}X = POS_P(X) = \{e_4,e_6\}$$

$$\overline{P}X = \{e_1,e_2,e_3,e_4,e_6\}$$

$$NEG_P(X) = U - \overline{P}X = \{e_5\}$$

$$BN_P(X) = \overline{P}X - \underline{P}X = \{e_1,e_2,e_3\}$$

属性集$\{$头痛,肌肉痛,体温$\}$有一个约简$\{$头痛,体温$\}$,$\{$头痛,体温$\}$亦为核。

2.1.4　信息系统和决策表

一个信息系统 S 是一个系统(U,A),其中,$U = \{u_1,u_2,\cdots,u_{|U|}\}$ 是有限非空集, 称为论域或对象空间,U 中的元素称为对象;$A = \{a_1,a_2,\cdots,a_{|A|}\}$,也是一个有限非空集,$A$ 中的元素称为属性;对于每个 $a \in A$,有一个映射 $a:U \to a(U)$,且 $a(U) = \{a(u) \mid u \in U\}$ 称为属性 a 的值域。

一个信息系统可以用一个信息表来表示,当没有重复元组时,信息表是一个关系。

如果 $A = C \bigcup D, C \bigcap D = \varnothing$,则称信息系统 (U, A) 为一个决策表,其中,C 中的属性称为条件属性,D 中的属性称为决策属性。

♥**例 2.1.4**   下列信息系统是发表在 *Popular Science* 上的 CTR(汽车测试结果) 数据库(表 2.2)。

其中的属性如下。

x_1:size,overall length(尺寸、总长);x_2:number of cylinders(气缸数);x_3:presence of a turbocharger(是否配有涡轮增压器);x_4:type of fuel system(燃油系统类型);x_5:engine displacement(发动机排量);x_6:compression ratio(压缩比);x_7:power(功率);x_8:type of transmission(传动类型);x_9:weight(重量);y:mileage(里程)。

属性值如下。

c:compact(紧凑型);s:subcompact(小型紧凑型);sm:small(小型);y:yes(是);n:no(否);E:EFI(电子燃油喷射);B:2-BBL(双腔或双喷嘴的燃油喷射系统);m:medium(中等);ma:manual(手动);h:high(高);he:heavy(重);l:light(轻);lo:low(低);a:auto(自动)。

表 2.2   CTR 清洗后数据表

属性	x_1	x_2	x_3	x_4	x_5	x_6	x_7	x_8	x_9	y
u_1	c	6	y	E	m	h	h	a	m	m
u_2	c	6	n	E	m	m	h	ma	m	m
u_3	c	6	n	E	m	h	h	ma	m	m
u_4	c	4	y	E	m	h	h	ma	l	h
u_5	c	6	n	E	m	m	m	ma	m	m
u_6	c	6	n	B	m	m	m	a	he	lo
u_7	c	6	n	E	m	m	h	ma	he	lo
u_8	s	4	n	B	sm	h	lo	ma	l	h
u_9	c	4	n	B	sm	h	lo	ma	m	m
u_{10}	c	4	n	B	sm	h	m	a	m	m
u_{11}	s	4	n	E	sm	h	lo	ma	l	h
u_{12}	s	4	n	E	m	m	m	ma	m	h

属性	x_1	x_2	x_3	x_4	x_5	x_6	x_7	x_8	x_9	y
u_{13}	c	4	n	B	m	m	m	ma	m	m
u_{14}	s	4	y	E	sm	h	h	ma	m	h
u_{15}	s	4	n	B	sm	m	lo	ma	m	m
u_{16}	c	4	y	E	m	m	h	ma	m	m
u_{17}	c	6	n	E	m	m	h	a	m	m
u_{18}	c	4	n	E	m	m	h	a	m	m
u_{19}	s	4	n	E	sm	h	m	ma	m	h
u_{20}	c	4	n	E	sm	h	m	ma	m	h
u_{21}	c	4	n	B	sm	h	m	ma	m	m

表 2.2 是一个信息系统,其中,$U = \{u_1, u_2, \cdots, u_{21}\}$,$A = \{x_1, x_2, \cdots, x_9, y\}$。现在,我们假设 $C = \{x_1, x_2, \cdots, x_9\}$,$D = \{y\}$,则信息系统(关系)变成了一张决策表。

2.1.5　简单分类

设 (U, A) 是一个信息系统,对于每一个属性 $a \in A$,我们引入一个 U 中的划分 U/a:两个对象 $u, v \in U$ 在同一类中,当且仅当 $a(u) = a(v)$。

算法 2.1.1

设 (U, A) 是一个信息系统,$U = \{u_1, u_2, \cdots, u_{|U|}\}$。这个算法对 $a \in A$ 给出了分类。使用下面的指针:i 指向当前的输入对象 u_i;s 记录已经找到的 s 个类 $V_1, V_2, \cdots, V_s$;j 取值 $1, 2, \cdots, s$,用来检验当前的输入对象 u_i 是否有 $a(V_j) = a(u_i)$。

如果对于某个 j,有 $a(u_i) = a(V_j)$,则令 u_i 在 V_j 中:$u_i \in V_j$;否则,建立一个新类,$s + 1 \to s$,$V_s = \{u_i\}$。当算法结束时,我们有 $U/a = \{V_1, V_2, \cdots, V_s\}$。

第 1 步:初始化设置 $1 \to i$,$1 \to j$,$1 \to s$,$V_1 = \{u_1\}$。

第 2 步:若 $i = |U|$,即分类完成,有 $U/a = \{V_1, V_2, \cdots, V_s\}$。若 $i < |U|$,转到步骤 3。

第 3 步:令 $i + 1 \to i$,$1 \to j$,转到第 4 步。

第 4 步:若 $j = s$,则建立新类 $s + 1 \to s$,$V_s = \{u_i\}$,然后转到输入下一个对象(如果有的话)。若 $j < s$,则转到第 5 步。

第 5 步:令 $j+1 \rightarrow j$,转到第 6 步。

第 6 步:如果 $a(u_i)=a(V_j)$,则 $u_i \in V_j$,跳转到第 2 步。否则跳转到第 4 步,并与下一个 V_j 做判断(如果有的话)。

在最坏情况下,需要对于 $i=2,3,\cdots,|U|$ 检验 $a(V_j)=a(u_i)$ 是否成立,共需 $1+2+\cdots+(|U|-1)=(|U|)(|U|-1)/2=O(|U|^2)$ 次检验。因此,这个算法的时间复杂性为 $O(|U|^2)$。

这个算法可以以并行方式计算所有的分类 $U/a_1,U/a_2,\cdots,U/a_{|A|}$。

❖ 例 2.1.5 将这个算法应用到 CTR 数据库,我们进行下列划分。

$$U/x_1 = \{V_{11},V_{12}\}$$

其中

$$V_{11} = \{u_1,u_2,u_3,u_4,u_5,u_6,u_7,u_9,u_{10},u_{13},u_{16},u_{17},u_{18},u_{20},u_{21}\}$$
$$V_{12} = \{u_8,u_{11},u_{12},u_{14},u_{15},u_{19}\}$$
$$U/x_2 = \{V_{21},V_{22}\}$$

其中

$$V_{21} = \{u_1,u_2,u_3,u_5,u_6,u_7,u_{17}\}$$
$$V_{22} = \{u_4,u_8,u_9,u_{10},u_{11},u_{12},u_{13},u_{14},u_{15},u_{16},u_{18},u_{19},u_{20},u_{21}\}$$
$$U/x_3 = \{V_{31},V_{32}\}$$

其中

$$V_{31} = \{u_1,u_4,u_{14},u_{16}\}$$
$$V_{32} = \{u_2,u_3,u_5,u_6,u_7,u_8,u_9,u_{10},u_{11},u_{12},u_{13},u_{15},u_{17},u_{18},u_{19},u_{20},u_{21}\}$$
$$U/x_4 = \{V_{41},V_{42}\}$$

其中

$$V_{41} = \{u_1,u_2,u_3,u_4,u_5,u_7,u_{11},u_{12},u_{14},u_{16},u_{17},u_{18},u_{19},u_{20}\}$$
$$V_{42} = \{u_6,u_8,u_9,u_{10},u_{13},u_{15},u_{21}\}$$
$$U/x_5 = \{V_{51},V_{52}\}$$

其中

$$V_{51} = \{u_1,u_2,u_3,u_4,u_5,u_6,u_7,u_{12},u_{13},u_{16},u_{17},u_{18}\}$$
$$V_{52} = \{u_8,u_9,u_{10},u_{11},u_{14},u_{15},u_{19},u_{20},u_{21}\}$$
$$U/x_6 = \{V_{61},V_{62}\}$$

其中

$$V_{61} = \{u_1, u_3, u_4, u_8, u_9, u_{10}, u_{11}, u_{14}, u_{19}, u_{20}, u_{21}\}$$
$$V_{62} = \{u_2, u_5, u_6, u_7, u_{12}, u_{13}, u_{15}, u_{16}, u_{17}, u_{18}\}$$
$$U/x_7 = \{V_{71}, V_{72}, V_{73}\}$$

其中

$$V_{71} = \{u_1, u_2, u_3, u_4, u_7, u_{14}, u_{16}, u_{17}, u_{18}\}$$
$$V_{72} = \{u_5, u_6, u_{10}, u_{12}, u_{13}, u_{19}, u_{20}, u_{21}\}$$
$$V_{73} = \{u_8, u_9, u_{11}, u_{15}\}$$
$$U/x_8 = \{V_{81}, V_{82}\}$$

其中

$$V_{81} = \{u_1, u_6, u_{10}, u_{17}, u_{18}\}$$
$$V_{82} = \{u_2, u_3, u_4, u_5, u_7, u_8, u_9, u_{11}, u_{12}, u_{13}, u_{14}, u_{15}, u_{16}, u_{19}, u_{20}, u_{21}\}$$
$$U/x_9 = \{V_{91}, V_{92}, V_{93}\}$$

其中

$$V_{91} = \{u_1, u_2, u_3, u_5, u_9, u_{10}, u_{12}, u_{13}, u_{14}, u_{15}, u_{16}, u_{17}, u_{18}, u_{19}, u_{20}, u_{21}\}$$
$$V_{92} = \{u_4, u_8, u_{11}\}$$
$$V_{93} = \{u_6, u_7\}$$
$$U/y = \{W_1, W_2, W_3\}$$

2.1.6　粗糙集约简

过拟合(over fitting)是数据爆炸时代容易出现的现象。过拟合是指学习器过度依赖训练集(training set),得到的结果可能在训练集上效果很好,然而对于测试集(test set)效果不好,降低了学习器的泛化能力。进行特征选择(feature selection)可以提高机器学习模型的泛化能力。

特征选择的目的是从原始属性集中挑选出一部分属性而不丢失太多信息。特征选择的过程需要一个搜索策略,该策略需要一种评价属性集质量的度量。最简单的方法是测试属性集的所有子集,但是这种方法计算量太大。为了减小计算的复杂性,其他的特征选择方法被提出。从属性集评价函数的角度来说,这些方法大致分为三类:封装式(wrapper)[95]、过滤式(filter)[96]、嵌入式(embedded)[97]。封装式方法根据所用分类器对属性集进行打分,而过滤式方法利用独立于分类器的标准评价属性的相关性。不同于前面两种方法,嵌入式方法在建立模型的过程中进行特征选择。因为频繁地使用分类器,封装式方法的计算量巨大。对于嵌入式方法,则需要知道关于选取属性的先验知识,这点限制了该方法的发展。因为过滤式方法平衡了分类精度和时间复杂性,现在有很多研究关注该方法[98,99]。在这些方法中,应用相关度对特征或特征集进行排序。这些相关度大致可以分为以下四类[100]:距离、依赖度、一致度、信息量。Relief 及其扩展模型是基于距离的特征选择方法的代表。不同于其余的三种度量,基于粗糙集的方法提供了一个系统的理论框架[101—105]。

特征选择在粗糙集领域又称为属性约简。在粗糙集理论框架下,属性约简是寻找与所有条件属性集具有相同分类能力的极小集的过程。辨识矩阵方法和启发式方法是两种常用的属性约简方法。属性约简最直接的一个应用为规则提取,但是提取的规则不一定满足极小性,类似于辨识矩阵求解属性约简的方法,用某对象的辨识属性可以求解此对象生成的极小规则,得到的规则可以树形表示,利用决策规则可以对待分类对象进行分类。

粗糙集理论用来进行数据分类和信息处理的核心是属性(知识)约简思想。属性约简可以用以简化原有的数据系统,在不降低原系统分类精度的前提下,可以去除无用知识、冗余属性,获取更精简的数据系统。文献[106]证明了求解决策系统的所有约简是一个困难的 NP(nondeterministic ploynominal,非确定性时间) 问题,一般采用启发式的算法进行属性约简。苗夺谦教授从互信息角度出发,提出了基于互信息的属性约简算法[107],该算法能得到决策表的最小约简,但需要消耗较多的时间。文献[108]根据可分辨矩阵理论提出了基于属性重要性的启发式算法,通过矩阵的形式对属性重要性进行度量计算。胡可云给出了属性的频率函数[109],提出了基于属性频率的约简算法。

属性约简是粗糙集理论的一个研究重点,概括来说,粗糙集的约简就是在不改变知识的分类能力这个前提下,删除其中存在的冗余知识。

定义 2.1.1 在一个决策系统 $DS = (U,A,d)$ 中,论域 U 被决策属性 d 划分成不同的块,$U/\{d\} = \{Y_1, Y_2, \cdots, Y_n\}$,$Y_i(i = 1,2,\cdots,n)$ 表示一个等价类,则决策粗糙集的正区域值为:

$$POS_A(d) = \bigcup_{\gamma_i \in U/\{d\}} POS_A(\gamma_i) \tag{2.10}$$

记为 $POS_A(d)$ 或 $POS_A(DS,d)$。

定义 2.1.2 给定一个决策系统 $DS = (U,A,d)$,对于 $\forall B \subseteq A$,对 $a \in B$,若有:

$$POS_B(d) \neq POS_{B-\{a\}}(d) \tag{2.11}$$

成立,则称条件属性 a 为 B 中相对 d 必要,否则称为相对 d 不必要。

定义 2.1.3　给定一个决策系统 $DS=(U,A,d)$,对条件属性 $a\in A$,若 a 满足 A 中相对 d 必要,即满足条件:

$$POS_{A-\{a\}}(d)\neq POS_A(d) \tag{2.12}$$

则我们称条件属性 a 为该决策系统 DS 的一个核属性,DS 中所有核属性组成的集合记为该决策系统的核,用 $CORE(DS)$ 表示。

定义 2.1.4　给定一个决策系统 $DS=(U,A,d)$,$B\subseteq A$ 称为该决策系统 DS 的一个约简,当且仅当 B 满足以下两个条件:

$(1)POS_B(d)=POS_A(d)$;

$(2)\forall S\subset B,POS_B(d)\neq POS_S(d)$。

一般地,一个决策系统中的约简个数不止一个,我们将这些约简的集合记为 $RED(DS)$。

在学术研究时,对于属性的划分更为严格。每一个属性都有其不可或缺的独特性,不同属性之间又存在各式各样的依赖关系和附属特征,正确划分属性能够极大地提高我们学术分析的准确性,消除一些复杂关系造成的混淆和误导。通常来说,我们一般用一个权重系数代表某一属性的重要程度,借此区分不同属性之间的重要程度。

定位到粗糙集邻域中,对于一个给定的数据信息集合或系统,正区域的划分能力一定程度上决定了信息集合之中不同属性相较其他属性的依赖关系和关联性质,也就代表了该属性的重要性。对于数据集中的任意一个属性 B,如果属性 B 能够使得数据集中的其他数据有更强的关联性,去除 B 之后,数据集中的其他属性会降低关联性,也就说明了数据 B 对整个数据集合的分类能力较强,数据集对属性 B 有较强的依赖性,也即属性 B 有较高的重要性。如此便定义了一个集合中某一属性的重要性。

属性重要性是粗糙集中一个重要的概念,多用于求取属性约简的启发式信息。粗糙集中有多种度量属性重要性的指标,其中最常用的是基于正区域变化的属性重要性。它的定义如下。

定义 2.1.5　在决策系统 $DS=(U,A,d)$ 中,称决策属性 d 以程度 $h(0\leqslant h\leqslant 1)$ 依赖条件属性集 A。

$$h=\gamma(A,d)=\frac{POS_A(d)}{|U|} \tag{2.13}$$

其中,符号 $|*|$ 表示集合的势。

定义 2.1.6　在决策系统 $DS = (U,A,d)$ 中,条件属性 $a \in A$ 的属性重要性定义为:

$$\sigma(a) = \frac{\gamma(A,d) - \gamma(A - \{a\},d)}{\gamma(A,d)} = 1 - \frac{\gamma(A - \{a\},d)}{\gamma(A,d)} \quad (2.14)$$

或

$$\sigma'(a) = \frac{\gamma(A \bigcup \{a\},d) - \gamma(A,d)}{\gamma(A,d)} = \frac{\gamma(A \bigcup \{a\},d)}{\gamma(A,d)} - 1 \quad (2.15)$$

定义 2.1.7　给定一个决策系统 $DS = (U,A,d)$, $B \subseteq A$ 称为决策系统 DS 的约简,当且仅当 B 满足下面两个条件:

(1) $\gamma(B,d) = \gamma(A,d)$;

(2) 对任意 $S \subset B$,都有 $\gamma(S,d) \neq \gamma(A,d)$。

基于正区域变化的属性重要性的求核算法和求属性约简算法如下。

算法 2.1.2　求核算法

输入:决策系统 $DS = (U,A,d)$。

输出:属性集合 A 的核 $CORE(DS)$。

第 1 步:设 $R = \varnothing$。

第 2 步: $\forall a \in A$,若 a 满足 A 中相对 d 必要,即满足条件 $POS_{A-\{a\}}(d) \neq POS_A(d)$,则 $R = R \bigcup a$。

第 3 步: $CORE(DS) = R$ 即为所求,输出 R,算法结束。

算法 2.1.3　求属性约简算法

输入:决策系统 $DS = (U,A,d)$。

输出:属性集合 A 的约简。

第 1 步:根据求核算法求出属性集合 A 的 $CORE(DS)$。

第 2 步:令 $B = CORE(DS)$,如果 $POS_B(d) = POS_A(d)$,转向第 5 步。

第 3 步:计算 $\sigma'(a) = \dfrac{\gamma(B \bigcup \{a\},d) - \gamma(B,d)}{\gamma(B,d)}$,求得属性的属性重要性,选取满足最大属性重要性那一个添加到 B 中,即 $B = B \bigcup \{a\}$。

第 4 步:如果 $POS_B(d) \neq POS_A(d)$,返回第 3 步,否则执行第 5 步。

第 5 步:输出 B,计算结束。

2.2　模糊粗糙集模型

粗糙集理论的一个重要应用是对信息系统进行约简。这种约简处理能够完整地保留信息系统的分类能力,但它必需的离散化过程是一个很大的缺陷,因为该离散化会造成一定程度上的信息损失,比如不能保留离散化后具有相同符号表示的属性值在实数值上的一致性,这也使得粗糙集属性约简难以完整保留信息内容。如果从现实的角度去思考,我们会发现在实际生活中遇到的知识和概念大都是模糊的,这也是经典粗糙集理论的一大缺陷。

针对这一问题,学者们对经典的粗糙集理论进行了一系列扩展,反映在粗糙集模型中,主要有两类:一类是知识库的知识是清晰的,而被近似的概念是模糊的;另一类是知识库的知识和被近似的概念都是模糊的;本节我们讨论有关模糊概念近似的粗糙集模型。

早期 Dubois 与 Prade 将粗糙集和模糊集[93] 合起来讨论了模糊粗糙集[94] 的概念,而后大部分学者[110] 也研究了模糊集与粗糙集的结合及其约简。近似问题是模糊粗糙集研究的基础,也是最主要的难题。许多人的研究都是基于模糊逻辑算子的。基于经典模糊粗糙集上下近似算子[54,111—113],有学者在对三角范数和三角余范数的性质及应用进行进一步讨论后,归纳了四种上下近似算子[114,115]。对模糊粗糙集而言,这些算子对模糊粗糙集的上下近似的理解是很必要的。考虑到分析模糊粗糙集的一个难点就是探索模糊粗糙集的粒结构,才能探索与其他模型的结合。2011 年,Chen 等[116,117] 对模糊粗糙集的粒结构进行了深入的探讨,给出了基于 T- 相似关系的模糊集合的近似的粒结构表现形式。正是有粗糙集和模糊集的基础理论作为支撑,这种从粒结构的角度去延伸的方法比将粗糙集的思想强加于模糊集更能使人信服。广大学者对模糊粗糙集的扩展及优化进行了许多的研究。例如,文献[118—120] 讨论了变精度模糊粗糙集模型及其延伸;有关多粒度领域粗糙直觉模糊集模型及其他领域模糊粗糙集模型的研究也应运而生[121,122];还有学者进一步研究了模糊覆盖粗糙集模型[123]。在这当中,基于模糊粗糙集的属性约简[54,124—129] 是模糊粗糙集研究的一个热点。其优势就在于不需要预先进行数据集合离散化,从而更能无损且真实地反映原系统的分类能力。

表 2.3 所示是各个代表性理论模型与前一模型相比所呈现的新特点。

表 2.3　　模糊粗糙集代表性理论模型特征比较[117]

阶段	第一阶段	第二阶段		第三阶段	
代表理论	Dubois 等（1990 年）	Morsi 等（1998 年）	Radzikowska 等（2002 年）	Greco 等（1998 年）	Mi 等（2004 年）

续　表

阶段	第一阶段	第二阶段		第三阶段	
特征	一个论域 U 目标 $F \in R(U)$ 模糊等价关系 R （标准传递性） 二值逻辑运算	模型 T- 等价关系 （T- 传递性） R- 蕴含算子	模糊等价关系 （sup-min 传递性）模糊逻辑算子	模糊自反关系	两个论域 $U \times W$ $F \in F(W)$ R- 蕴含算子

2.2.1　模糊集的基本概念

设 U 是由一些确定的可识别的对象构成的集合,称为论域。对于 U 中任何一个集合 A,我们可以引进一个特征函数 $A(x)$:

$$A(x) = 1_A(x) = \begin{cases} 1, x \in A \\ 0, x \notin A \end{cases} \tag{2.16}$$

U 中特征函数是从 U 到 $\{0,1\}$ 的一个映射,U 中任何一个特征函数也完全确定了 U 中的一个经典子集合:

$$A = \{x \in U \mid A(x) = 1\} \tag{2.17}$$

从特征函数的角度来看,经典集合是一个分明集合,它对应着二值逻辑。从集合论的角度来看,一个论域中的对象或属于或不属于这个集合,二者必有其一。这样,经典集合可以用来描述清晰的概念和知识。

但是在实际问题中,二值逻辑并不能完全反映实际情况。例如,"张三是年轻人,李四是老年人"就不能完全反映在二值逻辑中。这里的"年轻人"和"非年轻人"、"老年人"和"非老年人"之间并没有明确的界限,在一定意义下是一种过渡状态。为了描述这种不分明的状态,我们将特征函数扩充为隶属函数。所谓论域 U 上的一个隶属函数,是指 U 到 $[0,1]$ 的一个映射。

定义 2.2.1　论域 U 上的一个模糊集合(fuzzy set)A 由 U 上的一个隶属函数 $A:U \rightarrow [0,1]$ 来表示,其中,$A(x)$[有时用 $\mu_A(x)$ 表示] 表示元素 x 隶属于模糊集合 A 的程度。

这样,对于论域 U 的一个对象 x 和 U 上的一个模糊集合 A,我们不能简单地问 x 是"绝对"属于还是不属于 A,而只能问 x 在多大的程度上属于 A。隶属度 $A(x)$ 正是 x 属于 A 的程度的数量指标。若 $A(x) = 0$,则认为 x 完全不属于 A;若 $A(x) = 1$,则认为 x 完全属于 A;若 $0 < A(x) < 1$,则认为 x 依程度 $A(x)$ 属于 A,这时在完全属于和完全不属于 A 的元素之间呈现出一种中间的过渡状态。

一般地,一个模糊集合 A 可以表示为:

$$A = \{(x, A(x)) : x \in U\} \tag{2.18}$$

如果论域 U 是有限集合或可数集合,那么可以表示为:

$$A = \sum x_i / A(x_i) \tag{2.19}$$

如果论域 U 是无限不可数集合,那么可以表示为:

$$A = \int x / A(x) \tag{2.20}$$

记 U 上的全体模糊集合为 $F(U)$。

定义 2.2.2　设 $A, B \in F(U)$,若对于任意的 $x \in U$,有 $A(x) \leqslant B(x)$,则称 A 含于 B 或 B 包含 A,记作 $A \subseteq B$。若 $A \subseteq B$ 与 $B \subseteq A$ 同时成立,则称 A 与 B 相等,记作 $A = B$。空集 $\varnothing$ 表示隶属函数恒为 0 的模糊集合,U 表示隶属函数恒为 1 的模糊集合。记 $A \bigcup B$ 为模糊集合 A 与 B 的并,其隶属函数定义为:

$$(A \bigcup B)(x) = A(x) \bigvee B(x) = \max\{A(x), B(x)\} \tag{2.21}$$

记 $A \bigcap B$ 为模糊集合 A 与 B 的交,其隶属函数定义为:

$$(A \bigcap B)(x) = A(x) \bigwedge B(x) = \min\{A(x), B(x)\} \tag{2.22}$$

记 A^c 或 $\sim A$ 为 A 的补集,其隶属函数定义为:

$$A^c(x) = 1 - A(x) \tag{2.23}$$

记 $A - B$ 为模糊集合 A 与 B 的差集,其隶属函数定义为:

$$(A - B)(x) = [A \bigcap (\sim B)](x) = A(x) \bigwedge (1 - B(x)) \tag{2.24}$$

模糊集合的交、并、补和包含依次表示了模糊概念的析取、合取、否定和蕴含,这对于分析实际问题和理论研究有重要的意义。

容易证明模糊集合的运算满足下列性质。

(1) 交换律:$A \bigcup B = B \bigcup A, A \bigcap B = B \bigcap A$。

(2) 结合律:$(A \bigcup B) \bigcup C = A \bigcup (B \bigcup C), (A \bigcap B) \bigcap C = A \bigcap (B \bigcap C)$。

(3) 分配律:$A \bigcup (B \bigcap C) = (A \bigcup B) \bigcap (A \bigcup C), A \bigcap (B \bigcup C) = (A \bigcap B) \bigcup (A \bigcap C)$。

(4) 吸收律:$A \bigcup (A \bigcap B) = A, A \bigcap (A \bigcup B) = A$。

(5) 对偶律:$(A \bigcap B)^c = A^c \bigcup B^c, (A \bigcup B)^c = A^c \bigcap B^c$。

(6) 对合律:$(A^c)^c = A$。

(7) 幂等律:$A \bigcup A = A \bigcap A = A$。

(8) 两极律:$U \cap A = \varnothing \cup A = A, U \cup A = U, \varnothing \cap A = \varnothing$。

以上运算性质对于经典集合全部成立,但是经典集合中的互补律对于模糊集合一般不再成立。例如,取 $U = [0,1], A(x) = x$,则 $A \cup A^c \neq U, A \cap A^c \neq \varnothing$。

模糊集合运算不满足互补律,给研究工作带来了一定的困难,而正是由于这一性质,它更能客观地反映实际情况。

对于 $A \in F(U)$ 和 $\lambda \in [0,1]$,记为:

$$A_\lambda = \{x \in U \mid A(x) \geqslant \lambda\}, A_\lambda^S = \{x \in U \mid A(x) > \lambda\}$$

A_λ 和 A_λ^S 分别称为 A 的 λ 截集和强 λ 截集。当 $\lambda = 1$ 时,A_1 称为 A 的核,而集合 $\{x \in U \mid A(x) > 0\}$ 称为 A 的支集,记为 $\text{supp}A$。

在处理实际问题时,有时要对模糊概念有明确的认识与判定,要判断某个对象对模糊集合的明确归属,这样就要求模糊集合与经典集合之间依一定法则进行转化。为解决这个问题,模糊集的截集是比较令人满意的手段。

分解定理 设 $A \in F(U)$,则 $A = U\{\lambda A_\lambda \mid \lambda \in [0,1]\}$,其中,$\lambda A_\lambda$ 称为 λ 与 A_λ 的模糊截集,其隶属函数定义为:

$$(\lambda A_\lambda)(x) = \lambda \wedge A_\lambda(x) \tag{2.25}$$

定义 2.2.3 设 U 是论域,$A \in F(U)$,则模糊集 A 的基数 $|A|$ 定义为:

$$|A| = \sum_{x \in U} A(x) \tag{2.26}$$

2.2.2 模糊关系

定义 2.2.4 设 U 和 V 是两个论域,若 R 是 $U \times V$ 上的一个模糊集,则称 R 是从 U 到 V 的一个模糊关系。特别是当 $U = V$ 时,称 R 是 U 上的一个模糊关系。

若 U 和 V 都是有限集,则类似于普通关系可以与布尔矩阵建立一一对应关系,模糊关系可以与模糊矩阵建立一一对应关系,这里模糊矩阵是指矩阵中的任何元素都属于 $[0,1]$。以后我们只考虑有限论域,并且将模糊关系与模糊矩阵视为同一。

模糊关系作为定义在 $U \times V$ 上的模糊集,也有交、并、补和模糊截集等运算,这只要将相应的模糊矩阵中的对应元素作 $\wedge$,$\vee$,$\lambda \wedge$ 等运算即可。

定义 2.2.5 设 U, V, W 是三个论域,R 是从 U 到 V 的一个模糊关系,S 是从 V 到 W 的一个模糊关系,则 R 对 S 的合成是从 U 到 W 的一个模糊关

系,记为 $R°S$,其隶属函数定义为:

$$(R°S)(x,z) = \sup\{R(x,y) \wedge S(y,z) \mid y \in V\},(x,z) \in U \times W$$

$$(2.27)$$

在模糊关系 R 中,每对元素 (x,y) 都对应有一个介于 0 和 1 之间的数 $R(x,y)$,表示 x 对 y 有关系 R 的程度,或称为 x 对 y 的关于关系 R 的相差程度。

定义 2.2.6　设 U 是论域,R 是 U 上的模糊关系,其隶属函数为 $R(x,y)$,若对于任意的 $x \in U$,有 $R(x,x) = 1$,称 R 是自反的;若对于任意的 $x,y \in U$,有 $R(x,y) = R(y,x)$,称 R 是对称的;若 $R°R \subseteq R$,称 R 是传递的;若 R 是自反、对称和传递的模糊关系,称 R 是等价的;若 R 是自反对称的模糊关系,称 R 是相似的。

可以证明一个模糊关系的 λ 截集是普通的二元关系。模糊关系与对应普通关系有下列关系。

定理 2.2.1　设 R 是 U 上的模糊关系,若 R 是自反的,当且仅当对于任意的 $\lambda \in [0,1]$,R_λ 是自反的普通关系;若 R 是对称的,当且仅当对于任意的 $\lambda \in [0,1]$,R_λ 是对称的普通关系;若 R 是传递的,当且仅当对于任意的 $\lambda \in [0,1]$,R_λ 是传递的普通关系;若 R 是等价的,当且仅当对于任意的 $\lambda \in [0,1]$,R_λ 是等价的普通关系;若 R 是相似的,当且仅当对于任意的 $\lambda \in [0,1]$,R_λ 是相似的普通关系。

2.2.3　模糊粗糙集

在现实世界中的相似关系,如形状或相貌相似的关系和距离的相近关系等,首先有一个共同特点就是对称性,即若 x_i 与 x_j 有相似性 μ_{ij},则 x_j 与 x_i 的相似性 μ_{ji} 应与 μ_{ij} 相等。此外,相似的关系还应有自反性,因任一元素总是与其自身最相似,即相似性 $\mu_{ij} = 1$。

定义 2.2.7(模糊相似关系)　设 R 是论域 U 上的模糊关系,其隶属函数为 $\mu_R(x,y),x \in X,y \in X$ 若满足:

(1) 自发性:$\mu_R(x,x) = 1$,

(2) 对称性:$\mu_R(x,y) = \mu_R(y,x)$,

则称 R 是论域 U 上的模糊相似关系。当 U 为有限集时,称 R 为模糊相似矩阵。

定义 2.2.8(模糊等级关系)　设论域 U 上的模糊关系 R 的隶属函数为

$\mu_R(x,y),x \in X,y \in X$若满足:

(1) 自发性:$\mu_R(x,x) = 1$,

(2) 对称性:$\mu_R(x,y) = \mu_R(y,x)$,

(3) 传递性:对任意的$\lambda \in [0,1]$,$\mu_R(x,y) \geqslant \lambda$,$\mu_R(y,z) \geqslant \lambda$,则$\mu_R(x,z) \geqslant \lambda$,

则称R是论域U上的模糊等价关系。

模糊信息系统(U,A)指论域U上的所有关系都是模糊关系的信息系统。模糊信息系统的数据以关系表的形式表示。关系表的行对应要研究的对象,列对应对象的属性,对象的信息是通过指定对象的各属性值来表达。若$A = C \cup D,C \cap D = \varnothing$,其中,$C$为条件属性,$D$为决策属性,为与模糊信息系统表述一致,仍用$A$表示条件属性,$d$代替$D$表示决策属性,三元组$(U,A,d)$称为模糊决策系统(或模糊决策表)。

等价类是粗糙集的核心,而在模糊环境中,模糊等价类是模糊粗糙集的核心。这意味着决策表中的条件值和决策值可能是模糊的。如果我们把模糊集合中的隶属度看作是粗集理论中的属性值,则知识表达系统中的知识表达的模糊性依赖于由对象的可用属性值描述,数据库中病态描述的对象可以用属性值的集合的可能性分布来表达,这些可能性分布构成模糊集合模型。

定义 2.2.9 设P是论域U的一个模糊等价关系,则元素u的模糊等价类为:

$$\mu_{[u]_P}(v) = \mu_P(u,v), \forall v \in U \qquad (2.28)$$

通过定义 2.2.9 求出的是单个属性的模糊等价类的隶属函数。

当$P = \{P_1,P_2,\cdots,P_m\}$且$P \subseteq A$为模糊条件属性集时,它对应的模糊等价关系为 $IND(P) = \otimes \{a : a \in P\}$。则$P$所对应的模糊等价类$U/IND(P) = \{E_1,E_2,\cdots,E_n\}$,一般情况下用$P$代表$IND(P)$,即$U/P = \{E_1,E_2,\cdots,E_n\}$。对这种复合模糊等价类的隶属度做如下定义:

$$\mu_P(E_i) = \{\bigcap_{i=1}^{n} E_{ik_i} \mid k_i = 1,2,\cdots,c_i\} \qquad (2.29)$$

其中,$U/P_i = \{E_{ik_i} \mid k_i = 1,2,\cdots,c_i\}$;$c_i$是由$p_i$划分论域$U$所得模糊等价类的数目;$E_{ik_i}$是属性集$P$中第$i$个属性的$k_i$个模糊等价类。

定义 2.2.10 $GD(P) = \{E \mid E \in U/P\}$为模糊关系簇$P$对论域$U$进行划分所得到的基本模糊等价类。

注:本节若未特别说明,属性均表示模糊条件属性。

属性子集 $P \subseteq A$,X 表示 U 上的任意模糊集合,则可通过模糊条件集 $GD(P)$ 来近似 X,即用 $GD(P)$ 中的子集 E_i 包含在 X 中的可能度与必然度描述 E_i 对 X 的近似程度,这种描述称为在关系 P 下,在等价类 E_i 上 X 的模糊粗糙上下近似(下文中均简写为上近似或下近似),定义如下:

$$\mu_{\overline{PX}}(E_i) = \sup_x \mu_{E_i \cap X}(x) = \sup_x \min\{\mu_{E_i}(x), \mu_X(x)\} \quad (2.30)$$

$$\mu_{\underline{PX}}(E_i) = \inf_x\{1 - u_{E_i \cup X}(x)\} = \inf_x \max\{1 - u_{E_i}(x), u_X(x)\}$$

$$(2.31)$$

其中,$u_{E_i}(x)$ 表示 U 中对象 x 包含在 E_i 中的程度;$u_X(x)$ 表示 x 包含在 X 中的程度;$\mu_{\underline{PX}}(E_i)$ 表示 E_i 包含在 X 中的必然度,即 E_i 必然包含在 X 中的程度 $\forall i \in \{1, 2, \cdots, \in n\}$。

在关系 P 下通过子集 E_i 描述 X 时,x 必然包含在 X 中的程度 $\mu_{\underline{PX}}(x^{E_i})$ 和 x 可能包含在 X 中的程度 $\mu_{\overline{PX}}(x^{E_i})$ 如下:

$$\mu_{\underline{PX}}(x) = \sup_{E_i \in U/P} \min\{u_{E_i}(x), \inf_{x \in U} \max\{1 - \mu_{E_i}(x), u_X(x)\}\} \quad (2.32)$$

$$\mu_{\overline{PX}}(x) = \inf_{E_i \in U/P} \max\{1 - u_{E_i}(x), \sup_{x \in U} \min\{\mu_{E_i}(x), u_X(x)\}\} \quad (2.33)$$

称序对 $(\overline{PX}, \underline{PX})$ 为模糊集 X 在 U 上相对于关系 P 的模糊粗糙集。

2.2.4　模糊粗糙集的属性约简

模糊粗糙集在一定程度上拓宽了 Pawlak 粗糙集的应用范围,对复杂数据的处理有着重要意义。模糊粗糙集约简是建立在模糊上下近似集的基础上的,以保证包含实数的数据集的约简。当属性值是离散值时,其同传统的约简方法是一致的。当前较为热门的模糊粗糙集属性约简算法主要有基于属性依赖度和信息观两类[130]。

(1) 基于属性依赖度的属性约简

基于属性依赖度的属性约简算法并非结构化方法,在某些特殊情况下无法得到真正的约简。但这种方法约简效率较高,是粗糙集属性约简算法的重要类型之一。Shen 等将经典粗糙集中属性依赖度的定义扩展到模糊粗糙集中[54,131],给出模糊粗糙集的属性依赖度定义,并提出基于属性依赖度的模糊粗糙集属性约简算法(FRSAR),下面对该算法做简单介绍。

首先类似于粗集中的正区域、依赖度等定义,通过扩展定理,文献[54]给出模糊正区域、模糊依赖度的如下定义。

定义 2.2.11   条件属性 P 的模糊等价类 E 的模糊正区域为：

$$\mu_{POS_P(d)}(E) = \sup_{q_l \in U/d} \mu_{q_l}(E) \tag{2.34}$$

对象 x 关于模糊正区域的隶属度为：

$$\mu_{POS_P(d)}(x) = \sup_{E \in GD(P)} \min\{\mu_E(x), \mu_{POS_P(d)}(E)\} \tag{2.35}$$

其中, $E \in GD(P)$。

定义 2.2.12   决策属性对条件属性集的依赖度为：

$$\gamma_P(d) = \frac{\sum\limits_{x \in U} \mu_{POS_P(d)}(x)}{|U|} \tag{2.36}$$

显然 $0 \leqslant \gamma_P(d) \leqslant 1$。

传统的 Pawlak 约简算法中, 属性集 A 约简后的子集 R 必须与属性集 A 有相同的信息内容, 即如果数据是一致的, 则 $\gamma(R)$ 和 $\gamma(A)$ 必须相同, 并且等于 1。可是, 在模糊粗糙集的方法中, 这是不需要的, 只需要 γ 尽可能趋于 1 即可。

FRSAR 的基本思想是：根据决策属性 d 对条件属性(集) $S \subseteq P$ 的依赖度来分层识别相关属性。[131]

算法符号约定：R 存放每一层的选择变量；T 存放每层的临时变量；γ'_{best} 为当前层的最大依赖度；γ'_{prev} 为前一层的最大依赖度。

算法的伪代码如下：

$$R \leftarrow \emptyset, \gamma'_{best} = 0, \gamma'_{prev} = 0$$

Do
$$T \leftarrow R$$
$$\gamma'_{best} = \gamma'_{prev}$$
$$\forall x \in (P - R)$$

If
$$\gamma'_{R \cup \{x\}} > \gamma'_{best}$$
$$T \leftarrow R\{x\}$$
$$\gamma'_{best} = \gamma'_T$$
$$R \leftarrow T$$

Until
$$\gamma'_{best} = \gamma'_{prev}$$

Return
$$R。$$

显然, FRSAR 以依赖函数 γ 选择属性加入候选集中, 方法同传统的算法, 此算法的结束条件以 γ 不再改变为止。对于有 N 个属性的决策表, 最坏情况下, 时间复杂性为 $O((n^2 + n)/2)$。

约简算法的计算示例如下。

♣ **例 2.2.1** 给定的模糊集如图 2.2 所示,有集合:$A = \{a\}$,$B = \{b\}$,$C = \{c\}$,$Q = \{q\}$。

对象	a	b	c	q
1	−0.4	−0.3	−0.5	no
2	−0.4	0.2	−0.1	yes
3	−0.3	−0.4	−0.2	no
4	0.3	−0.3	0	yes
5	0.2	−0.3	0	yes
6	0.2	0	0	no

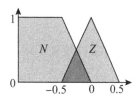

图 2.2 模糊集

离散化后如表 2.4 所示。

表 2.4 模糊集离散表

对象	a	b	c	q
1	N_A	N_B	N_C	no
2	N_A	Z_B	Z_C	yes
3	N_A	N_B	N_C	no
4	Z_A	N_B	Z_C	yes
5	Z_A	N_B	Z_C	yes
6	Z_A	Z_B	Z_C	no

可得出以下等价类:

$$U/Q = \{\{1,3,6\},\{2,4,5\}\}$$

这两个等价类可以看作是模糊集,计算集合 A,B,C 的下近似集,C 对于第一个模糊等价类 $X = \{1,3,6\}$,有:

$$\mu_{\underline{A}\{1,3,6\}}(x) = \sup_{F \in U/A} \min\left(\mu_F(x), \inf_{y \in U} \max\{1 - \mu_F(y), \mu_{\{1,3,6\}}(y)\}\right)$$

在第一个模糊等价类 $X = \{1,3,6\}$ 下,对于 N_A、Z_A,有:

$$\mu_{\{1,3,6\}}(N_A) = \min\left(\mu_{N_A}(x), \inf_{y \in U} \max\{1 - \mu_{N_A}(y), \mu_{\{1,3,6\}}(y)\}\right)$$

$$\mu_{\{1,3,6\}}(Z_A) = \min\left(\mu_{Z_A}(x), \inf_{y \in U} \max\{1 - \mu_{Z_A}(y), \mu_{\{1,3,6\}}(y)\}\right)$$

以对象 2 为例,可计算得:

$$\mu_{\{1,3,6\}}(N_A) = \min(0.8, \inf\{1, 0.2, 1, 1, 1, 1\}) = 0.2$$

$$\mu_{\{1,3,6\}}(Z_A) = \min(0.2, \inf\{1, 0.8, 1, 0.6, 0.4, 1\}) = 0.2$$

因此，$\mu_{\underline{A}\{1,3,6\}}(2)=0.2$，同理计算得：

$$\mu_{\underline{A}\{1,3,6\}}(1)=0.2 \quad \mu_{\underline{A}\{1,3,6\}}(2)=0.2 \quad \mu_{\underline{A}\{1,3,6\}}(3)=0.4$$

$$\mu_{\underline{A}\{1,3,6\}}(4)=0.4 \quad \mu_{\underline{A}\{1,3,6\}}(5)=0.4 \quad \mu_{\underline{A}\{1,3,6\}}(6)=0.4$$

运用以上值，通过计算：

$$\mu_{POS_A\langle Q\rangle}(x)=\sup_{x\in U/Q}\mu_{\underline{A}}(x)$$

计算每个对象的模糊正区域：

$$\mu_{POS_A\langle Q\rangle}(1)=0.2 \quad \mu_{POS_A\langle Q\rangle}(2)=0.2 \quad \mu_{POS_A\langle Q\rangle}(3)=0.4$$

$$\mu_{POS_A\langle Q\rangle}(4)=0.4 \quad \mu_{POS_A\langle Q\rangle}(5)=0.4 \quad \mu_{POS_A\langle Q\rangle}(6)=0.4$$

由计算结果可知：$\mu_{POS_A\langle Q\rangle}(x)=\mu_{\underline{A}\{1,3,6\}}(x)$，故可知其是一致的。

计算 Q 对于 A 的依赖度：

$$r'_A(Q)=\frac{\sum_{x\in U}\mu_{POS_A\langle Q\rangle}(x)}{|U|}=2/6$$

同样，$r'_B(Q)=2.4/6$，$r'_C(Q)=1.6/6$。

从以上结果可知，属性 b 的依赖度最高，因此选择属性 b 加入候选集中。

由此得 $r'_{\{a,b\}}(Q)=3.4/6$，$r'_{\{b,c\}}(Q)=3.2/6$。

选择属性 a 加入候选集。

由此得 $r'_{\{a,b,c\}}(Q)=3.4/6$。

由于 c 的加入并未使依赖度有所增加，故算法至此结束，并输出约简结果 $\{a,b\}$。

（2）基于信息观的属性约简

粗糙集在信息观下的表示与其代数表示是完全等价的。另外，基于信息观表示的属性约简算法更具直观性。因此，一部分研究者从信息观角度出发，设计了模糊粗糙集属性约简算法，主要研究思路是从多种信息熵出发，或对原有约简算法进行优化，或在信息观下对模糊粗糙集属性约简重新进行定义。Hu 等[132] 引入信息测度来描述模糊等价关系，重新对混合数据的属性依赖度、约简以及相对约简进行定义，设计出处理混合数据的启发式属性约简算法。该算法首次从信息论角度研究模糊粗糙集属性约简问题，具有重要的理论意义，但文中使用的条件熵并不适用于广义模糊决策系统[133]。另外，文献中定义的条件熵在一般模糊决策系统中并不满足单调性[125]。为解决上述两个问题，Zhang 等[134] 重新给出条件信息熵概念，并设计了相应的属性约简算法。徐菲菲等[135]把 Pawlak 粗糙集中的条件熵、知识熵推广到模糊粗糙集中,从信息量角度度量模糊决策表的属性重要性,提出约简模糊决策表的启发式算法。该算法在多数情况下能够做到最小约简。徐菲菲等将文献[135]中的方法进一步优化,在属性约简算法设计过程中采用最大相关性的评价标准和删除依赖度较高属性的方法设计出约简效率较高的算法。潘瑞林等[136]将 α 信息熵概念引入模糊粗糙集属性约简理论中,结合模糊相似关系重新定义了属性重要性,并以此作为启发信息设计出较高效的属性约简算法,但文献中并没有对参数的取值原则进行详细探讨。

此外,一些研究者将多重聚类[137]、散度测度[138]、距离测度[139]、极大辨识对[140]、并行计算[141]、增量计算[142,143]等多种方法引入模糊粗糙集属性约简理论中,从多个角度设计了模糊粗糙集属性约简算法。

基于互信息[125]的模糊属性约简是基于信息观的属性约简中较具有代表性的算法,下面以此为代表对基于信息观算法进行介绍。

定义 2.2.13　设论域 $U = \{x_1, x_2, \cdots, x_N\}$,模糊属性集 $\widetilde{A}$ 是由一簇模糊属性 $\{\widetilde{A}^1, \widetilde{A}^2, \cdots, \widetilde{A}^M, \widetilde{A}^{M+1}\}$ 组成,其中,$D = \{\widetilde{A}^{M+1}\}$ 是模糊决策属性,其他为模糊条件属性 $C = \{\widetilde{A}^1, \widetilde{A}^2, \cdots, \widetilde{A}^M\}$。每一个模糊属性可以将论域划分成 p_j 个模糊等价类,即 $F(\widetilde{A}^j) = \{\widetilde{F}_1^j, \widetilde{F}_2^j, \cdots, \widetilde{F}_{p_j}^j\}$ $(j = 1, 2, \cdots, M+1)$,其中,$\widetilde{F}_i^j (1 \leqslant i \leqslant p_j)$ 为一模糊集。将由这样的论域与模糊属性集构成的信息系统 $S = (U, \widetilde{A})$ 称为模糊决策表。

定义 2.2.14　设模糊决策表 $S = (U, \widetilde{A})$,P 和 Q 为模糊属性构成的模糊等价关系(即知识),$U/IND(P) = \{\widetilde{X}_1, \widetilde{X}_2, \cdots, \widetilde{X}_n\}$,$U/IND(Q) = \{\widetilde{Y}_1, \widetilde{Y}_2, \cdots, \widetilde{Y}_m\}$,这里 $\forall \widetilde{X}_i \in U/IND(P)$ 和 $\widetilde{Y}_j \in U/IND(Q)$ 都是论域 U 上的模糊集,则定义知识 P 的信息熵为:

$$H(P) = -\sum_{i=1}^{n} p(\widetilde{X}_i) \log p(\widetilde{X}_i) = -\sum_{i=1}^{n} \frac{\sum_{k=1}^{|U|} \mu_{\widetilde{X}_i}(x_k)}{|U|} \log \frac{\sum_{k=1}^{|U|} \mu_{\widetilde{X}_i}(x_k)}{|U|}$$

$$(2.37)$$

知识 Q 相对于知识 P 的条件熵 $H(Q|P)$ 定义为:

$$H(Q|P) = -\sum_{i=1}^{n} p(\widetilde{X}_i) \sum_{j=1}^{m} p(\widetilde{Y}_j | \widetilde{X}_i) \log p(\widetilde{Y}_j | \widetilde{X}_i)$$

$$= -\sum_{i=1}^{n} \frac{\sum_{k=1}^{|U|} \mu_{\widetilde{X}_i}(x_k)}{|U|} \sum_{j=1}^{m} \frac{\sum_{k=1}^{|U|} \mu_{\widetilde{X}_i \cap \widetilde{Y}_j}(x_k)}{\sum_{k=1}^{|U|} \mu_{\widetilde{X}_i}(x_k)} \log \frac{\sum_{k=1}^{|U|} \mu_{\widetilde{X}_i \cap \widetilde{Y}_j}(x_k)}{\sum_{k=1}^{|U|} \mu_{\widetilde{X}_i}(x_k)}$$

其中，$U/IND(P) = \otimes U/IND\{\widetilde{A}^j\}, \widetilde{A}^j \in P, U/IND(Q) = \otimes U/IND\{\widetilde{A}^j\}$，$\widetilde{A}^j \in Q$。定义 $\widetilde{T}_1 \otimes \widetilde{T}_2 = \{\widetilde{X} \cap \widetilde{Y} : \forall \widetilde{X} \in T_1, \forall \widetilde{Y} \in T_2, \widetilde{X} \cap \widetilde{Y}\} \neq \varnothing$。此外，$\mu(*)$ 为模糊集的隶属度函数，且 $\mu_{\widetilde{T}_1 \cap \widetilde{T}_2 \cap \cdots \cap \widetilde{T}_n}(x) = \min\{\mu_{\widetilde{T}_1}(x), \mu_{\widetilde{T}_2}(x), \cdots, \mu_{\widetilde{T}_n}(x)\}$，$\widetilde{T}_i$ 是 U 上的模糊集。

特别地，当模糊等价关系退化为经典等价关系时，$H(P)$ 即退化为经典粗糙集理论下知识 P 的信息熵，$H(Q|P)$ 也就退化为知识 Q 相对于知识 P 的条件熵 $H(Q|P)$。

有了这些定义后，我们将互信息的概念引入模糊粗糙集中，用其来度量模糊决策表中模糊属性的相对重要性。

设模糊决策表 $S = (U, \widetilde{A})$，$\Re$ 是模糊条件属性集合。那么，在 R 中添加一个模糊属性 $\widetilde{A}^j$ 之后，互信息的增量为：

$$I(\Re \bigcup \{\widetilde{A}^j\}, D) - I(\Re, D) == H(D|\Re) - H(D|\Re \bigcup \{\widetilde{A}^j\})$$

$$(2.38)$$

定义 2.2.15 设模糊决策表 $S = (U, \widetilde{A})$，$\Re$ 是模糊条件属性集合。则对于任意属性 $\widetilde{A}^j \in C - \Re$ 的重要性 $SGF(\widetilde{A}^j, \Re, D)$ 定义为：

$$SGF(\widetilde{A}^j, \Re, D) = I(\Re \bigcup \{\widetilde{A}^j\}, D) - I(\Re, D) = H(D|\Re) - H(D|\Re \bigcup \{\widetilde{A}^j\})$$

$$(2.39)$$

若 $\Re = \varnothing$，则 $SGF(\widetilde{A}^j, \Re, D)$ 即为 $SGF(\widetilde{A}^j, D) = H(D) - H(D|\widetilde{A}^j) = I(\widetilde{A}^j, D)$ 即为模糊属性 $\widetilde{A}^j$ 与模糊决策属性 D 的互信息。$SGF(\widetilde{A}^j, \Re, D)$ 的值越大，说明在已知 $\Re$ 的条件下，模糊属性 $\widetilde{A}^j$ 对模糊决策属性 D 就越重要。

基于互信息的模糊粗糙集知识相对约简算法(MIBAFRAR)。它同样是以 bottom-up(自下而上)的方式求相对约简的,但以空集为起点,依据上述定义的属性重要性,逐次选择最重要的属性添加到集合中,直到满足条件。

算法 2.2.1　MIBAFRAR

第 1 步:计算模糊决策表中条件属性 C 与决策属性 D 的互信息 $I(C,D)$。

第 2 步:令 $\Re = \varnothing$,对条件属性集 $C - \Re$ 重复:

(1) 对每个属性 $\widetilde{A^j} \in C - \Re$,计算条件互信息 $I(\widetilde{A^j}, D \mid \Re)$;

(2) 选择使条件互信息 $(\widetilde{A^j}, D \mid \Re)$ 最大的属性,记作 $\widetilde{A^j}$(若同时有多个属性达到最大值,则从中选取一个相似类个数最少的属性作为 $\widetilde{A^j}$);并且 $\Re \in \Re \bigcup \{\widetilde{A^j}\}$;

(3) 若 $I(C,D) = I(\Re,D)$,则终止;否则,转(1)。

第 3 步:最后得到的 $\Re$ 就是条件属性 C 相对于 D 的一个相对约简。

2.2.5　模糊粗糙集扩展模型

本小节重点关注模糊粗糙集发展的第二个阶段。其特点是将二值逻辑推广到模糊逻辑上来,更多模糊粗糙集扩展模型可参阅文献[144]。Greco 模型[145] 首先将这一概念推广到一个高度广义的阶段。此外,Radzikowska 等[146]、Morsi 等[147]、Thiete 等[148−151]、Salido 等[152] 也都对此进行了深入的探讨。

在粗糙集推广进程中,较早就引入了逻辑运算的讨论[154]。比如用逻辑语言来书写经典粗糙集的上下近似定义:

$$\overline{R}X = \{x \mid \exists y((x,y) \in R \wedge y \in X)\} \qquad (2.40)$$

$$\underline{R}X = \{x \mid \forall y((x,y) \in R \rightarrow y \in X)\} \qquad (2.41)$$

这种改写是有益的,出现在其中的二值逻辑运算标志着模糊逻辑运算的引入。Thiele 用逻辑语言表示了 Dubois 与 Prade 的粗糙模糊集和模糊粗糙集,并围绕此问题进行了一系列讨论[148−151]。

下文的叙述涉及模糊逻辑算子,可以参见文献[146]中完整而简洁的叙述。

先介绍 Radzikowska 模型[146]。它在引入模糊逻辑运算的同时,其模糊等价关系 R 在形式上有点变化满足 sup-min 传递性,自反性、对称性不变。

定义 2.2.16　设 (U,R) 是模糊近似空间,即 R 是论域 U 上的模糊等价关系，I 是边缘蕴含算子，T 是 t- 模。(U,R) 上的 (I,T)- 模糊粗糙近似是一个映射 $Apr^{I,T}: F(U) \to F(U) \times F(U)$，$\forall F \in F(U)$，$Apr^{I,T}(F) = (\underline{R_I}F, \overline{R^T}F)$，$\forall x \in U$。

$$\mu_{\underline{R_I}F}(x) = \inf_{y \in U} I(\mu_R(x,y), \mu_F(y)) \tag{2.42}$$

$$\mu_{\overline{R^T}F}(x) = \sup_{y \in U} T(\mu_R(x,y), \mu_F(y)) \tag{2.43}$$

模糊集 $\underline{R_I}F$（$\overline{R^T}F$）称为 F 在 (U,R) 中的 I- 下模糊粗糙近似（T- 上模糊粗糙近似）。

由定义 2.2.16 可见，Radzikowska 模型的重要特点在于模糊逻辑算子的引进。对应于模糊逻辑算子的常见类型，文献[145]给出了模糊粗糙近似的三种类型。

①S-FRA 由 (I_S, T_S) 给定，其中，I_S 是连续的 S- 蕴含算子（基于连续的 s- 模 S 和对合的否算子 N），T_S 与 S 关于 N 对偶。

②R-FRA 由 (I,T) 给定，I 是连续的 R- 蕴含算子（基于连续的 t- 模 T）。

③Q-FRA 由 (I,T) 给定，I 是 QL- 蕴含算子（基于连续的 t- 模 T 和对合的否算子 N）。

文献[145]还深入讨论了 (I,T)- 模糊粗糙集的基本性质（比照 Pawlak 粗糙集基本性质）。可以看到，性质对于 R-FRA 基本上是满足的，对于 S-FRA、Q-FRA，有些是不成立的。这也许是大家常常用 R- 蕴含算子来讨论问题的原因，比如 Morsi 模型[147]、Mi 模型[114]。

下面讨论 Radzikowska 模型与其他模型之间的关系。

Morsi 模型是重要的。该模型讨论了广义的模糊粗糙上下近似运算。

定义 2.2.17 设 R 是 U 上的 T- 等价关系（满足自反性、对称性、T- 传递性）。$\forall F \in F(U)$，分别定义下近似 $\underline{R}F$ 算子和上近似算子 $\overline{R}F$：

$$\underline{R}F(x) = \bigwedge_{y \in U} I_t(\mu_R(x,y), \mu_F(y)) \tag{2.44}$$

$$\overline{R}F(x) = \bigvee_{y \in U} T(\mu_R(x,y), \mu_F(y)) \tag{2.45}$$

容易得到形式与式(2.42)、式(2.43)一致的定义式：$\forall F \in F(U)$，F 在近似空间 (U,R) 的下近似算子 $\underline{R}F$ 和上近似算子 $\overline{R}F$ 是定义在 U 上的一对模糊集，它们的隶属函数分别为：

$$\mu_{\underline{R}F}(x) = \inf_{y \in U} I_t(\mu_R(x,y), \mu_F(y)) \tag{2.46}$$

$$\mu_{\overline{R}F}(x) = \sup_{y \in U} I(\mu_R(x,y), \mu_F(y)) \tag{2.47}$$

其中，T 是某个 t- 模，I_t 是基于 T 的 R- 蕴含算子。可见式(2.46)、式

(2.47) 是式(2.42)、式(2.43) 的一个特例。

Dubois 模型也是 Radzikowska 模型的特例。在定义式(2.42)、式(2.43)中，令蕴含算子 $I(x,y) = S(N(x),y)$，即 S- 蕴含算子，又取 s- 模为 max(最大化) 运算，取 $N(x) = 1-x$ 为标准否算子，得 $I(x,y) = \max(1-x,y)$，即 Kleene-Dienes 蕴含算子 I_{KD}(S- 蕴含算子的一种)。从而 $I(\mu_R(x,y),$ $\mu_F(y)) = \max\{1-\mu_R(x,y),\mu_F(y)\}$，又令 t 模为 min(最小化) 运算，得 $(\mu_R(x,y),\mu_F(y)) = \min\{\mu_R(x,y),\mu_F(y)\}$。由此得到 Dubois 模型[94] 中的相关定义。

要特别提及的是 Greco 模型。该模型定义了模糊集基于模糊自反关系的粗糙近似。文献 [145] 中没有明确提出模糊粗糙集的概念，与 Radzikowska 模型相比，该模型却有另一番尝试。从提出问题的时间先后上看，该模型也更具开创性。

定义 2.2.18　设 F 是论域 U 上的模糊集，R 是定义在 U 上的一个模糊目反关系，F 的上近似算子 $\mu_{\overline{RF}}$、下近似算子 $\mu_{\underline{RF}}$ 是 U 上的模糊集，它们的隶属函数分别定义为：

$$\mu_{\overline{RF}}(x) = S_{y \in U}(T(N(\mu_R(x,y)),\mu_F(y))) \tag{2.48}$$

$$\mu_{\underline{RF}}(x) = T_{y \in U}(S(N(\mu_R(x,y)),\mu_F(y))) \tag{2.49}$$

其中，S 与 T 关于否算子 N 满足对偶关系。

与 Radzikowska 模型相比较，Greco 模型的特征是明显的。

第3章　F-粗糙集及并行约简

从增量式数据、海量数据或动态数据中挖掘出人们感兴趣的知识,是数据挖掘研究的一个热点,也是一个难点。粗糙集理论与应用的研究者们也试图利用粗糙集理论的方法对增量式数据、海量数据或动态数据进行挖掘或约简,取得了较为丰富的研究成果,主要包括并行约简[65-67,74-84]、动态约简[153,154]、多决策表约简[155-158]。

并行约简[65-67,74-84]的目的是进行稳定而且泛化能力强的条件属性的约简(或称为特征选择),以适应增量式数据、海量数据或动态数据。它从粗糙集理论最基本的属性约简定义出发,从一个大数据集(或增量式数据、动态数据)中选择若干个小的数据子集(可能包含原来的大数据集),得到的约简是保持所有数据子集正区域的最小条件属性子集。

这些数据子集代表整个大数据集的各种子模式,并行约简能够使各个数据子集保持正区域,所以它比一般的约简更能适应数据的动态变化,具有更强的泛化能力,而且约简本身也更稳定。

F-粗糙集模型[65]的目的是给并行约简建立粗糙集理论基础。它研究信息子表簇或决策子表簇中概念的上下近似、边界域、负区域等,是数据子集簇中的粗糙集模型。F-粗糙集模型是对 Pawlak 粗糙集模型的扩展,能够研究事物的变化和发展。

并行约简和 F-粗糙集模型将粗糙集、属性约简理论从单个决策表或单个信息表推广到多个。它的思想更符合客观实际,也更符合人类的思维习惯。人类总是从不同的角度、不同的方面看待事物、学习知识,不同的人或者不同时候的同一个人对同一个事物、同一个问题的看法也不一样。并行约简或 F-粗糙集模型的多个子表可以反映这些异同。每一个子表都是对客观事物的一种局部认识,多个子表综合起来就可以反映事物的整体和全局。并行约简和 F-粗糙集的思想充分考虑整体和局部,从整体和局部中抽象出事物的本质属性。

并行约简的思想符合人们的哲学思想。它满足"普遍性和特殊性"相互关系的哲学原理,也满足中国古典哲学思想"道生一,一生二,二生三,三生万物"。一个大数据表在一定程度上是"普遍性"或"一",而每一个子表就是"特殊性"或"二""三",所有的子表综合在一起就成为"万物"。

并行约简和 F- 粗糙集模型真正体现计算粒度的层次性,能够进行分布式并行计算,体现云计算的本质。并行约简和 F- 粗糙集模型至少从两个粒度层次上考查数据:第一,从整个决策子表簇或信息子表簇考查数据。在这个粒度层次上,每个子表是子表簇中的元素。第二,在每个子表中考查数据。子表中的每个数据元素是考查的最小单元。当然,还有可能分解成一些中间粒度层次,比如,每个子表中的等价类或相容类作为一个粒度层次。并行约简和 F- 粗糙集模型拓展了粗糙集理论的分类思想,更符合人类认识事物的方式,从方法论、认识论和哲学等方面拓展了粗糙集理论。

动态约简[153,154]旨在动态数据、增量式数据或海量数据中寻找稳定的约简,即为了得到泛化能力强而且适应数据动态变化的约简。然而动态约简需要求出所有子决策系统的所有约简,所以其时间复杂性很高,人们已经证明它是一个 NP 问题。此外,动态约简不具有完备性,这是因为若干个子系统约简的交集极有可能为空。也许正是由于这两个缺陷,对动态约简的研究近年来几乎陷入停顿状态,国内外鲜有相关的研究成果。

多决策表约简[155—158]主要是利用传统的粗糙集模型或粗糙集约简方法对多个决策表进行约简,试图得到全局约简或全局规则(所谓的全局约简或全局规则,就是将多个决策表合并成一个决策表后的单个决策表的约简或规则)。它利用一些启发式规则降低计算复杂性。从本质上来说,多决策表约简还是利用单个决策表中的粗糙集模型或方法去处理多决策表中的数据。

并行约简不仅克服了动态约简计算复杂性高、不完备、缺乏整体意义上粗糙集理论支持的缺陷,而且在一定的程度上克服了 Pawlak 约简对数据过分拟合的缺陷,具有广泛的适应性。并行约简是动态约简和 Pawlak 约简的扩展。并行约简的方法具有完备性、时间复杂性低和容易推广等优点。在研究并行约简算法的过程中,比较容易利用已有的成果,得到并行约简的高效算法。并行约简和 F- 粗糙集的思想方法可以比较容易地与其他粗糙集方法、数据挖掘模型等相结合,也容易将各种启发式信息应用于并行约简。

随着信息时代的到来,数据呈现指数级增长,计算机要处理的数据量越来越大，各行各业的应用软件都面临着"信息爆炸"的考验，许多软件需要重新设计。尤其是在数据挖掘领域，数据的增长速度更是惊人。然而，单台计算机性能的提升已经跟不上数据增长的速度，人们开始利用多台计算机并行计算来缓解数据增长带来的压力，这就是近年来云计算兴起的原因。云计算本质上是一种并行性分布式计算，在这种计算模式中，许多原有的算法已经不再适用，也不适用于计算动态增长的数据。

并行约简和 F- 粗糙集模型能够很好地解决这些问题。首先，算法框架稍加改变，并行约简就可以利用已有的约简结果，只需计算新加入的数据即可，这样就避免了许多重复计算，大大节约计算时间，尤其是在处理海量数据时，这种优势更加明显。其次，并行约简的算法框架本身无需任何调整就可以用来做并行计算，在具体实现时，各台机器之间基本上是独立运行的，即使偶尔需要交换数据，数据量也非常小，所以十分易于实现。应该说，并行约简算法在现实软件设计和数据处理中的应用前景十分广泛。

3.1 F- 粗糙集的基本概念

F- 粗糙集[65]的概念由邓大勇教授提出。和其他任何粗糙集模型不同，它是关于信息系统簇或者决策系统簇的粗糙集模型，这个粗糙集模型适合研究并行计算，也适合研究事物的动态变化。

在定义正区域、负区域、边界域、上下近似之前，我们先给出在某种情形下的概念。众所周知，一个概念在不同情形下的意义是不一样的，比如，我们说一个人是好人，这个"好人"的概念在不同情形下由不同的人说出来的意义是不一样的。下面用 $FIS = \{IS_i\}(i = 1, 2, \cdots, n)$ 表示由 n 个信息表组成的信息系统簇，相应的 $FDS = \{DS_i\}(i = 1, 2, \cdots, n)$ 则表示由 n 个决策表组成的决策系统簇，其中，$IS_i = (U_i, V, f), DS_i = (U_i, d, V, f)$。

定义 3.1.1 若 X 代表一个概念，而 N 代表某一种情形，则 $X \mid N$ 就定义为情形 N 下的概念 X。在一个信息系统簇 $FIS = \{IS_1, IS_2, \cdots, IS_n\}$ 中，$IS_i \in FIS(i = 1, 2, \cdots, n)$，$X \mid IS_i = X \cap IS_i$，$X \mid FIS = \{X \mid IS_1, X \mid IS_2, \cdots, X \mid IS_n\}$。在不引起混淆的情况下，$X \mid N$ 可简写为 X。对决策系统簇下某个概念的定义也类似可得，在此不做赘述。

例 3.1.1 取 $F = \{DT_1, DT_2\}$，DT_1 和 DT_2 为决策子系统，如表3.1

及表 3.2 中所示,其中,A,B,C 表示条件属性,d 表示决策属性,则概念 $X = \{x:d(x)=0\}$ 在 DT_1 及 DT_2 中的意义不同。

$$X \mid DT_1 = \{x:d(x)=0\} \bigcap DT_1 = \{x_2,x_3\}$$

$$X \mid DT_2 = \{x:d(x)=0\} \bigcap DT_2 = \{y_1,y_4,y_5,y_6\}$$

$$X \mid F = \{X \mid DT_1,X \mid DT_2\} = \{\{x_2,x_3\},\{y_1,y_4,y_5,y_6\}\}$$

表 3.1　决策子系统 DT_1

U_1	a	b	c	d
x_1	1	1	0	1
x_2	0	1	0	0
x_3	0	0	1	0
x_4	1	0	1	1

表 3.2　决策子系统 DT_2

U_2	a	b	c	d
y_1	0	1	0	0
y_2	1	1	0	1
y_3	1	0	1	1
y_4	0	0	1	0
y_5	1	2	0	0
y_6	1	0	2	0

对于信息系统簇 FIS 中的某一个概念 X,取任意一个属性子集 $B \subseteq A$,则 X 关于 B 的上下近似、边界域、负区域可定义为:

$$\overline{B}(FIS,X) = \{\overline{B}(IS_i,X):IS_i \in FIS\} = \{x \in U_i:[x]_B \bigcap X \neq \varphi,X \subseteq IS_i\}$$

$$(3.1)$$

$$\underline{B}(FIS,X) = \{\underline{B}(IS_i,X):IS_i \in FIS\} = \{x \in U_i:[x]_B \subseteq X,X \subseteq IS_i\}$$

$$(3.2)$$

$$BN(FIS,X) = \{BN(IS_i,X):IS_i \in FIS\} = \{\overline{B}(IS_i,X) - \underline{B}(IS_i,X):X \subseteq IS_i\}$$

$$(3.3)$$

$$NEG(FIS,X) = \{NEG(IS_i,X):IS_i \in FIS\} = \{U_i - \overline{B}(IS_i,X):X \subseteq IS_i\}$$

$$(3.4)$$

其中,序偶$(\underline{B}(FIS,X),\overline{B}(FIS,X))$ 即 F- 粗糙集。类似经典粗糙集,在

FIS 中，概念 X 的下近似即为正区域。我们所说的概念 X 关于信息系统簇 FIS 的上下近似实际上就意味着 X 对应于 FIS 中各个子系统得到的上下近似的集合，对应的正区域、负区域和边界域的概念也可类似地理解。对某一对象 $x \in U$，单纯说它属于正区域、负区域还是边界域是不合适的，因为在不同的子系统中，它的划分也不尽相同，我们只能说对象 x 在某个子系统 $IS_i(i = 1, 2, \cdots, n)$ 中属于正区域、负区域或者边界域。对于决策系统簇 FDS，概念 X 关于 FDS 的上下近似、正区域、负区域及边界域的定义与信息系统簇中的定义类似。

取一个信息系统簇 $FIS = \{IS_1, IS_2, IS_3, IS_4\}$，若 X 代表一个概念，则 X 在 FIS 中的上下近似、边界域及负区域如图 3.1 所示。

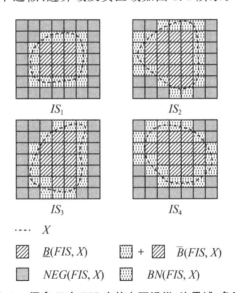

IS_1 IS_2

IS_3 IS_4

···· X

$\underline{B}(FIS, X)$ $+$ $\overline{B}(FIS, X)$

$NEG(FIS, X)$ $BN(FIS, X)$

图 3.1 概念 X 在 FIS 中的上下近似、边界域、负区域

F- 粗糙集模型的基本概念被定义后，Pawlak 粗糙集和其他粗糙集几乎所有的概念、所有的知识都可以迁移到 F- 粗糙集模型中，这就是说，F- 粗糙集模型具有非常好的适应性和可扩展性。

定义 3.1.2 设 $DS = (U, A, d)$ 是一个决策系统，$P(DS)$ 是 DS 的幂集，$F \subseteq P(DS)$，则 F- 正区域定义如下：

$$POS(F, A, d) = \{POS(DT, A, d) : DT \in F\} \qquad (3.5)$$

定义 3.1.3 设 $DS = (U, A, d)$ 是一个决策系统，$P(DS)$ 是 DS 的幂集，$F \subseteq P(DS)$，则 $B \subseteq A$ 称为 F- 并行约简，当且仅当 $B \subseteq A$ 满足下列条件：

(1) $POS(F, A, d) = POS(F, B, d)$；

(2) 对于任意 $S \subset B$,都有 $POS(F,S,d) \neq POS(F,A,d)$。

在 F- 粗糙集中,依赖度与属性重要性的定义与传统粗糙集中的定义类似,它们的定义如下。

定义 3.1.4　给定一个决策子系统簇 $F,DT_i = (U_i,A,d) \in F(i=1, 2,\cdots,n)$,定义 F 中 d 依赖于 A 的程度为:

$$h = \gamma(F,A,d) = \frac{\sum_{DT \in F} |POS(DT,A,d)|}{\sum_{i=1}^{n} |U_i|} \tag{3.6}$$

定义 3.1.5　给定一个决策子系统簇 $F,DT_i = (U_i,A,d) \in F(i=1, 2,\cdots,n)$,定义 F 中属性 $a \in B$ 或 $a \in A-B$ 相对于 B 的重要性分别为:

$$\sigma(B,a) = \frac{\gamma(F,B,d) - \gamma(F,B-\{a\},d)}{\gamma(F,B,d)} = 1 - \frac{\gamma(F,B-\{a\},d)}{\gamma(F,B,d)} \tag{3.7}$$

或

$$\sigma'(B,a) = \frac{\gamma(F,B \bigcup \{a\},d) - \gamma(F,B,d)}{\gamma(F,B,d)} = \frac{\gamma(F,B \bigcup \{a\},d)}{\gamma(F,B,d)} - 1 \tag{3.8}$$

上述公式中,$\gamma(F,B,d)$ 可能为 0,这是因为决策子系统簇 F 中的正区域可能为空,因此在实际情况中,属性重要性的定义如下。

定义 3.1.6　给定一个决策子系统 $F,DT_i = (U_i,A,d) \in F(i=1,2, \cdots,n)$,定义 F 中属性 $a \in B$ 或 $a \in A-B$ 相对于 B 的重要性分别为:

$$\sigma(B,a) = \gamma(F,B,d) - \gamma(F,B-\{a\},d) \tag{3.9}$$

或

$$\sigma'(B,a) = \gamma(F,B \bigcup \{a\},d) - \gamma(F,B,d) \tag{3.10}$$

F- 粗糙集模型是信息系统簇或决策系统簇中的粗糙集模型。它适合研究事物的动态变化与发展,具有很多潜在的理论和实际意义。因为它包含多个信息系统或决策系统,所以它能很好地进行分布式并行计算;也因为它包含多个信息系统或决策系统,所以它适合研究事物的动态变化与发展;因为它包含多个信息系统或决策系统,所以它能全面反映事物的整体和局部,具有很好的应用前景。例如,在指纹识别中,如果仅采集一个标准的指纹,那么很可能由个体受伤、指纹上有污渍等原因导致指纹识别失败,但如果我们事先对一些重点对象不仅仅采集标准的指纹,而且采集特殊情况下的指纹,不同情况下的指纹都是一个数据子集,在具有多种指纹数据的条件下,指纹识别的成功率将会大大提高。

3.2 并行约简定义与性质

并行约简是动态约简和 Pawlak 约简的扩展。并行约简的方法具有完备性、时间复杂性低和容易推广等优点。在研究并行约简算法的过程中，比较容易利用已有的成果，得到并行约简的高效算法。并行约简和 F- 粗糙集的思想方法可以比较容易地与其他粗糙集方法、数据挖掘模型等相结合，也容易将各种启发式信息应用于并行约简的求取。

它的相关定义如下。

定义 3.2.1 令 $DS = (U,A,d)$ 为一决策系统，$P(DS)$ 是 DS 的幂集，$F \subseteq P(DS)$，则 $B \subseteq A$ 称为 F- 并行约简，当且仅当 $B \subseteq A$ 满足下列条件：

(1) $POS(F,B,d) = POS(F,A,d)$；

(2) 对任意 $S \subset B$，都有 $POS(F,S,d) \neq POS(F,A,d)$。

定义 3.2.2 设 $DS = (U,A,d)$ 是一个决策系统，$P(DS)$ 是 DS 的幂集，$F \subseteq P(DS)$，则 $B \subseteq A$ 称为 F-并行约简，当且仅当 $B \subseteq A$ 满足下列条件：

(1) 对于任何的决策子系统 $DT \in F$，都有 $\gamma(B,d) = \gamma(A,d)$；

(2) 对任意 $S \subset B$，至少存在一个决策子系统 $DT \in F$，使得 $\gamma(S,d) \neq \gamma(A,d)$。

定义 3.2.3 $DS = (U,A,d)$ 是一个决策系统，$P(DS)$ 是 DS 的幂集，$F \subseteq P(DS)$，$PRED$ 是 F 的所有并行约简组成的集合，则 F- 并行约简的核被定义为：

$$PCORE = \bigcap PRED \tag{3.11}$$

❖ **例 3.2.1** 设 $F = \{DT_1, DT_2\}$，DT_1 如表 3.1、DT_2 表 3.2 所示，a，b,c 是条件属性，d 是决策属性，则 $POS(DT_1,A,d) = \{x_1,x_2,x_3,x_4\}$，$POS(DT_2,A,d) = \{y_1,y_2,y_3,y_4\}$，$POS(F,A,d) = \{POS(DT_1,A,d)$，$POS(DT_2,A,d)\} = \{\{x_1,x_2,x_3,x_4\},\{y_1,y_2,y_3,y_4\}\}$，F- 并行约简为 $\{a$，$b\}$，F- 并行约简的核也为 $\{a,b\}$。

几乎所有粗糙集理论的约简方法都可以用到并行约简算法中，下面我们主要介绍与属性重要性相关的并行约简算法。

3.2.1　基于属性重要性矩阵的并行约简算法

1.属性重要性矩阵

定义 3.2.4　$DS = (U, A, d)$ 是一个决策系统,$P(DS)$ 是 DS 的幂集,$F \subseteq P(DS)$,$B \subseteq A$,B 关于 F 的 $n \times m$ 属性重要性矩阵定义为:

$$\boldsymbol{M}(B, F) = \begin{bmatrix} \sigma_{11} & \sigma_{12} & \cdots & \sigma_{1m} \\ \sigma_{21} & \sigma_{22} & \cdots & \sigma_{2m} \\ \vdots & \vdots & \ddots & \vdots \\ \sigma_{n1} & \sigma_{n2} & \cdots & \sigma_{nm} \end{bmatrix} \tag{3.12}$$

其中,$\sigma_{ij} = \sigma(a_j, U_i) = \gamma_i(B, d) - \gamma_i(B - \{a_j\}, d)$,$a_j \in B$,$DT_i = (U_i, A, d) \in F$,$\gamma_i(B, d) = \dfrac{|POS(DT_i, B, d)|}{|U_i|}$,$n$ 代表 F 中子决策子系统的个数,m 代表 B 中条件属性的个数。

$F \subseteq P(DS)$,$B \subseteq A$,$\boldsymbol{M}'(B, F)$ 中任意大于 0 的元素所对应的属性加入 B 中,都可以使得相应决策子系统的正区域增加,从而使得 F- 正区域增加。

命题 3.2.1　$DS = (U, A, d)$ 是一个决策系统,$P(DS)$ 是 DS 的幂集,$F \subseteq P(DS)$,$\boldsymbol{M}(A, F)$ 中任意大于 0 的元素所对应的属性是其对应子系统的核属性,也是 F- 并行约简的核属性。

命题 3.2.2　$DS = (U, A, d)$ 是一个决策系统,$P(DS)$ 是 DS 的幂集,$F \subseteq P(DS)$,$B \subseteq A$,$\boldsymbol{M}(B, F)$ 中任意大于 0 的元素所对应的属性相对 B 来说是不可约去的。

命题 3.2.3　$DS = (U, A, d)$ 是一个决策系统,$P(DS)$ 是 DS 的幂集,$F \subseteq P(DS)$,$B \subseteq A$,$\boldsymbol{M}'(B, F)$ 中任意大于 0 的元素所对应的属性加入 B 中都可以使得相应决策子系统的正区域增加,从而使得 F- 正区域增加。

2.基于属性重要性矩阵的并行约简算法

基于属性重要性矩阵的并行约简算法(PRMAS)的基本思想为:首先根据决策子表簇 F 的条件属性集合 A 建立属性重要性矩阵 $\boldsymbol{M}(A, F)$,由 $\boldsymbol{M}(A, F)$ 中属性重要性不为 0 的元素找到 F- 并行约简的属性核 B,再建立 B 的改进属性重要性矩阵 $\boldsymbol{M}'(B, F)$,将 $\boldsymbol{M}'(B, F)$ 中属性重要性不为 0 的元素最多的列所对应的条件属性加入 B 中,重复这个步骤直到 $\boldsymbol{M}'(B, F)$ 变成零矩阵为止,此时的 B 就是 F-并行约简。算法的具体步骤如下。

算法 3.2.1 PRMAS[79]

输入:$F \subseteq P(DS)$。

输出:F 的一个并行约简。

第 1 步:建立属性重要性矩阵 $\boldsymbol{M}(A, F)$。

第 2 步:$B = \bigcup\limits_{j=1}^{m} \{a_j : \exists \sigma_{kj} (\sigma_{kj} \in \boldsymbol{M}(A, F) \wedge \sigma_{kj} \neq 0)\}$;//$B$ 是 F 中所有决策子表的核属性,也是 F- 并行约简的属性核。

第 3 步:计算 $\boldsymbol{M}'(B, F)$。

第 4 步:重复进行如下步骤,直到 $\boldsymbol{M}'(B, F)$ 为零矩阵。

(1) For $j = 1$ to m do $t_j = 0$;//m 为 B 中条件属性的个数,t_j 为 $\boldsymbol{M}'(B, F)$ 中第 j 列中不为 0 的元素个数;

(2) For $j = 1$ to m do

    For $k = 1$ to n do

        If $\sigma'_{kj} \neq 0$ then $t_j = t_j + 1$;// 计算 $\boldsymbol{M}'(B, F)$ 每一列中属性重要性不为 0 的元素个数;

(3) $B = B \bigcup \{a_j : \exists t_j (t_j \neq 0 \wedge \forall t_p (t_j \geq t_p))\}$;// 将 $\boldsymbol{M}'(B, F)$ 中属性重要性不为 0 的元素个数最多的列所对应的属性加入并行约简中;

(4) 计算 $\boldsymbol{M}'(B, F)$。

第 5 步:输出并行约简 B。

下面我们来估计上述算法的时间复杂性。整个算法的时间主要是花在建立矩阵以及改进矩阵上。假定我们用文献[159]算法计算属性重要性,它所估计的时间复杂性为 $O(|B||U|\log|U|)$,其中,$|U|$ 代表子表中数据的个数,$|B|$ 代表条件属性的个数,那么构建一个属性重要性矩阵的时间复杂性为 $O(nm|B||U'|\log|U'|)$,其中,$|U'|$ 代表 F 中最大子表的数据个数,n 代表子表的个数,m 代表条件属性的个数。在算法中我们所建立的矩阵一直在被改进,在最坏的情况下,改进的矩阵的个数为 $|A|$,因此,时间复杂性为 $O(nm|B||A||U'|\log|U'|)$。在获取并行约简的过程中,$|B|$ 也在变化,我们可以取它的最大值 $|A|$(等于 m)。因此,在最坏的情况下,上述算法的时间复杂性为 $O(nm^3|U'|\log|U'|)$。

3.2.2 基于属性重要性矩阵并行约简算法的优化

PRMAS 能够比较好地求取并行约简,对其进行优化,得到新的优化算法——基于属性重要性矩阵的并行约简算法的优化算法（OPRMAS）。OPRMAS 的基本思想与 PRMAS 相同,只是给每个决策子表一个加权值 ω_k $\in [0,1]$,并且在得到 F-并行约简的属性核之后,在改进的属性重要性矩阵 $\boldsymbol{M}'(B,F)$ 中寻找属性重要性加权和最大的属性加入 F-并行约简中。算法的具体步骤如下。

算法 3.2.2　　OPRMAS[82]

输入:$F \subseteq P(DS)$。

输出:F 的一个并行约简。

第 1 步:建立属性重要性矩阵 $\boldsymbol{M}(A,F)$,并对每个子表赋权值 $\omega_k (1 \leqslant k \leqslant n)$,其中,$\omega_k \in [0,1]$。

第 2 步:$B = \bigcup\limits_{j=1}^{m} \{a_j : \exists \sigma_{kj} (\sigma_{kj} \in \boldsymbol{M}(A,F) \wedge \sigma_{kj} \neq 0)\}$;$//B$ 是 F-并行约简的属性核。

第 3 步:计算 $\boldsymbol{M}'(B,F)$。

第 4 步:重复进行如下步骤,直到 $\boldsymbol{M}'(B,F)$ 为零矩阵。

(1)For $j = 1$ to m do $s_j = 0$;// 初始化,s_j 为 j 列元素的加权和;

(2)For $j = 1$ to m do

　　For $k = 1$ to n do

　　　　$s_j = s_j + \omega_k * \sigma'_{kj}$;// 计算每一列元素的加权和;

(3)$B = B \bigcup \{a_j : \exists s_j (s_j \neq 0 \wedge \forall s_p (s_j \geqslant s_p))\}$;// 找到加权和 s_j 最大的列所对应的属性加入并行约简 B 中;

(4) 计算 $\boldsymbol{M}'(B,F)$。

第 5 步:输出并行约简 B。

OPRMAS 在最坏情况下的时间复杂性与 PRMAS 所估计的时间复杂性一样,都为 $O(nm^3|U'|\log|U'|)$,其中,n 代表决策子表的个数,m 代表条件属性的个数,$|U'|$ 代表 F 中最大的子表的数据个数。在算法 3.2.2 中,每个子表的权值 $\omega_k (1 \leqslant k \leqslant n)$ 表示数据的新旧、数据量的大小及数据的重要性等。该权值还可以反映子表中数据的性质及数据的分布特点等。所赋权值的大小可根据实际情况主观判定,但一般情况下,我们认为每个子表的权重是一样的。通过这样的优化,在实际求取并行约简的过程中,时间复杂性比 PRMAS 低,并且求得的并行约简的长度也较 PRMAS 短。

3.2.3 基于 F- 属性重要性的并行约简算法

PRMAS 和 OPRMAS 都可以很好地求得 F- 并行约简,但是需要建立属性重要性矩阵,而且没有把决策子表簇 F 看成一个整体。在 3.1 节中定义一种针对决策子表簇 F 的属性重要性,也称为 F- 属性重要性,本小节将对 F- 属性重要性的相关性质进行介绍,为通过 F- 属性重要性求取 F- 并行约简打下基础。

（1）F- 属性重要性

定义 3.1.5 和定义 3.1.6 是对决策系统中属性重要性定义的扩展,如果 F 中只含有一个元素,那么 F- 属性重要性就为该决策系统的属性重要性。F- 属性重要性有下列性质[65]。

命题 3.2.3 给定一个决策子系统簇 $F, a \in B \subseteq A,$ 若 $\sigma(B,a) > 0,$ 则属性 a 不可以被约简。

$\sigma(B,a) > 0$ 表明若属性 a 被约简,但至少有一个决策子系统不能保持正区域不变。

命题 3.2.4 给定一个决策子系统簇 $F, a \in B \subseteq A,$ 若 $\sigma(B,a) = 0$ 或 $\sigma'(B,a) = 0,$ 则属性 a 可以被约简。

$\sigma(F,a) = 0$ 或 $\sigma'(B,a) = 0$ 表明若属性 a 被约简,F 所有决策子系统都能保持正区域不变。

命题 3.2.5 给定一个决策子系统簇 $F, a \in A,$ 若 $\sigma(A,a) > 0,$ 则属性 a 为 F- 并行约简的核属性。

（2）基于 F- 属性重要性的并行约简算法

基于 F- 属性重要性的并行约简算法（PRAS）的基本思想为:通过决策子表簇 F 中 A 中各元素的 F- 属性重要性找到 F- 并行约简的属性核,再通过 F- 属性重要性找到并行约简中的其他属性。算法的具体步骤如下。

算法 3.2.3 PRAS[65]

输入:$F \subseteq P(DS)$。

输出:F 的一个并行约简。

第 1 步:$B = \varnothing$。

第 2 步:对于任意 $a \in A,$ 如果 $\sigma(A,a) > 0,$ 那么 $B = B \bigcup \{a\}$;//B 是 F- 并行约简的属性核。

第 3 步:$E = A - B$。

第 4 步:重复进行如下步骤,直到 $E = \varnothing$。

(1) 对任意 $a \in E$,计算 $\sigma'(B,a)$;// $\sigma'(B,a) = \gamma(F,B \bigcup \{a\},D) - \gamma(F,B,D)$;

(2) 对任意 $a \in E$,如果 $\sigma'(B,a) = 0$,那么 $E = E - \{a\}$;

(3) 选择 F- 属性重要性非 0 且最大的元素 $a \in E$,$B = B \bigcup \{a\}$,$E = E - \{a\}$;// 添加属性集 E 中 F- 属性重要性非 0 且最大的属性到并行约简 B 中;

第 5 步:输出并行约简 B。

下面我们来估计上述算法的时间复杂性,与 PRMAS 和 OPRMAS 一样,假定我们用文献[65] 算法计算属性重要性,它所估计的时间复杂性为 $O(|B||U|\log|U|)$,其中,$|U|$ 代表决策子表中数据的个数,$|B|$ 代表条件属性的个数。而上述算法的时间主要花在计算 F- 属性重要性上。对于一个条件属性, 计算它的 F- 属性重要性的时间复杂性为 $O(|B|\sum_{U \in F}|U|\sum_{U \in F}\log|U|)$。在最坏的情况下,首先应该计算 $|A|$ 次 F- 属性重要性,其次是 $|A|-1,\cdots,1$,总共计算了 $|A|+(|A|-1)+\cdots+1 = \frac{1}{2}|A|(|A|-1) = \frac{1}{2}m(m-1)$ 次 F- 属性重要性。在获得并行约简的过程中,$|B|$ 也在变化,我们可以取它的最大值 $|A|$(等于 m)。因此,上述算法的时间复杂性为 $O(\frac{1}{2}m(m-1)|B|\sum_{U \in F}|U|\sum_{U \in F}\log|U|) = O(m^3 \sum_{U \in F}|U|\sum_{U \in F}\log|U|)$,其时间复杂性稍低于 PRMAS 和 OPRMAS。

3.2.4 (F,ε)- 并行约简

定义 3.2.5 $DS = (U,A,d)$ 是一个决策系统,$F \subseteq P(DS)$,$B \subseteq A$ 称为 DS 的 (F,ε)- 并行约简,当且仅当它满足下列两个条件:

(1) $\dfrac{|\{DT \in F : POS_B(DT,d) = POS_A(DT,d)\}|}{|F|} \geqslant 1-\varepsilon$;

(2) 对任意 $S \subset B$ 都不满足条件(1)。

所有 DS 的 (F,ε)- 并行约简记为 $GPR_\varepsilon(DS,F)$。如果 $\varepsilon = 0$,那么 DS 的 (F,ε)- 并行约简就是 DS 的 F- 并行约简[83]。

定义 3.2.6 $DS = (U,A,d)$ 是一个决策系统,$F \subseteq P(DS)$,$B \subseteq A$ 称为 DS 的 (F,k)- 并行约简,当且仅当它满足下列两个条件:

(1) $|\{DT \in F : POS_B(DT, d) = POS_A(DT, d)\}| \geqslant k$；

(2) 对任意 $S \subset B$ 都不满足条件（1）；

其中，$k(\leqslant |F|)$ 为大于 0 的自然数。

当 $k = |F|$ 时，(F, k)- 并行约简即为 F- 并行约简。(F, k)- 并行约简是 (F, ε)- 并行约简的另一种形式，可以根据 k 确定 ε 的值，反过来，也可以根据 ε 的值确定 k 值。(F, ε)- 并行约简和 (F, k)- 并行约简的条件限制比 F- 并行约简的宽松一些，(F, ε)- 并行约简和 (F, k)- 并行约简并不需要 F 所有的决策子系统都保持正区域，而是允许少量决策子系统不保持正区域。

3.3 决策系统的分解

并行约简和动态约简时，对于给定的一个决策系统 $DS = (U, A, d)$，应该划分多少个决策子系统？如何划分？本节我们试图回答这两个问题。

在将决策系统 $DS = (U, A, d)$ 进行分解之前，我们先看看如下两个基本命题。

命题 3.3.1 在一个一致的决策系统 $DS = (U, A, d)$ 中，$DT_1, DT_2 \in F \subseteq P(DS)$，如果 $DT_1 \subseteq DT_2$，那么决策子系统 DT_2 的约简能够保持决策子系统 DT_1 的正区域；而且对于决策子系统 DT_1 的任何约简 $B_1 \subseteq A$ 都存在一个决策子系统 DT_2 的约简 $B_2 \subseteq A$，使得 $B_1 \subseteq B_2 \subseteq A$。

命题 3.3.2 在一个决策系统 $DS = (U, A, d)$ 中，如果 $B_1 \subseteq B_2 \subseteq A$，那么 $POS_{B_1}(d) \subseteq POS_{B_2}(d) \subseteq U$。

对于动态约简来说，一些研究者[153,154]试图回答如何将决策系统进行分解这个问题，但是他们研究的基本假设为 $P(DS)$ 中的元素满足独立同分布。我们知道 $P(DS)$ 中存在大量相互包含的元素，它们之间的关系满足命题 3.3.1 和命题 3.3.2 的前提条件，也就是说，这些元素之间并不独立，所以，$P(DS)$ 中的元素满足独立同分布这个假设是错误的，这就导致了这些研究者的结论不可靠。

下面我们给出一个将决策系统 $DS = (U, A, d)$ 进行分解的算法（DSDA），并从理论上证明其正确性。分解算法的基本思想为：首先从决策系统 $DS = (U, A, d)$ 中取出最大的一致部分 $DT_0 = (U_0, A, d)(U_0 \subseteq U)$，

再将余下的不一致部分按照条件属性的等价类划分为 $DT_j = (U_j, A, d)(j = 1, 2, \cdots, k, k \leqslant |U/A|)$，其中，$U_j \in (U - U_0)/A$，然后将每个 U_j 按照决策属性 d 划分为几个一致部分 $DT_{i_j} = (U_{i_j}, A, d)$，其中，$U_{i_j} \in U_j/\{d\}$，$1 \leqslant i_j \leqslant |U_j/\{d\}|$，$1 \leqslant j \leqslant k$，最后将 DT_0 分别与这些 DT_{i_j} 合并成一致的决策子系统。算法步骤如下。

算法 3.3.1　DSDA[80]

输入：决策系统 $DS = (U, A, d)$。

输出：决策系统 $DS = (U, A, d)$ 的一致子系统簇。

第 1 步：取决策系统 DS 最大一致部分 $DT_0 = (U_0, A, d)(U_0 \subseteq U)$。

第 2 步：将决策系统 DS 不一致部分按条件属性 A 划分为 $DT_j = (U_j, A, d)(j = 1, 2, \cdots, k, k \leqslant |U/A|)$。

第 3 步：将每一个 DT_j 按决策属性 d 划分为几个一致部分 $DT_{i_j} = (U_{i_j}, A, d)$，其中，$U_{i_j} \in U_j/\{d\}$，$1 \leqslant i_j \leqslant |U_j/\{d\}|$，$1 \leqslant j \leqslant k$。

第 4 步：将这些一致部分合并成一致决策子系统 $DT_{(i_1, i_2, \cdots, i_k)} = (U_0 \bigcup U_{i_1} \bigcup U_{i_2} \bigcup \cdots \bigcup U_{i_k}, A, d)$，其中，$U_{i_j} \in U_j/\{d\}(j = 1, 2, \cdots, k)$ 是 $DT_j = (U_j, A, d)(j = 1, 2, \cdots, k, k \leqslant |U/A|)$ 根据决策属性划分为一致的决策子系统 $DT_{i_j} = (U_{i_j}, A, d)(j = 1, 2, \cdots, k, k \leqslant |U/A|)$，$1 \leqslant i_j \leqslant |U_j/\{d\}|$。

第 5 步：输出每一个一致的决策子系统 $DT_{(i_1, i_2, \cdots, i_k)} = (U_0 \bigcup U_{i_1} \bigcup U_{i_2} \bigcup \cdots \bigcup U_{i_k}, A, d)$。

这个算法将不一致决策系统分解成一致的决策子系统，很显然，这些一致的决策子系统 $DT_{(i_1, i_2, \cdots, i_k)} = (U_0 \bigcup U_{i_1} \bigcup U_{i_2} \bigcup \cdots \bigcup U_{i_k}, A, d)$ 的个数为 $\prod_{j=1}^{k} |U_j/\{d\}|$，也等于 $\prod_{[x]_A \in U/A} \partial([x]_A)$。所以这个分解算法只有在不一致个数比较少的决策系统中才实用，否则，会因为 $\prod_{[x]_A \in U/A} \partial([x]_A)$ 太大，导致一致决策子系统过多，计算复杂性增加。

定理 3.3.1　$DS = (U, A, d)$ 是一个决策系统，$P(DS)$ 是 DS 的幂集，$F = \{DT_{(i_1, i_2, \cdots, i_k)}\} \subseteq P(DS)$，则 F-并行约简等于 DS 从 Hu 的差别矩阵差别函数得到的约简。

证明　假设 $M(DT_{(i_1, i_2, \cdots, i_k)})$ 是一致决策子系统 $DT_{(i_1, i_2, \cdots, i_k)} = (U_0 \bigcup U_{i_1} \bigcup U_{i_2} \bigcup \cdots \bigcup U_{i_k}, A, d)$ 的 Hu 差别矩阵，$M(DS)$ 是决策系统 DS 的 Hu 差别矩阵，则 $M(DT_{(i_1, i_2, \cdots, i_k)})$ 中的每个元素一定可以在 $M(DS)$ 中找到，反

过来,$M(DS)$ 中的每个元素一定可以在某个 $M(DT_{(i_1,i_2,\cdots,i_k)})$ 中找到。这就是说,由所有的 $M(DT_{(i_1,i_2,\cdots,i_k)})$ 中的元素组成的差别矩阵等价于 $M(DS)$。又因为在一致决策系统中,由差别矩阵差别函数的方法等到的约简等于由正区域方法得到的约简,而所有的 $M(DT_{(i_1,i_2,\cdots,i_k)})$ 中元素组成的差别矩阵差别函数得到的约简就是 F- 并行约简,所以,F- 并行约简等于 DS 从 Hu 的差别矩阵差别函数得到的约简。

定理 3.3.2 $DS = (U, A, d)$ 是一个决策系统,DS 从 Hu 的差别矩阵差别函数得到的约简可以保持 DS 中任何决策子系统的正区域。

证明 分两种情况证明。

(1) 设 DT 是 DS 的一个一致决策子系统,则存在某个 DS 分解的一致决策子系统 $DT_{(i_1,i_2,\cdots,i_k)} = (U_0 \bigcup U_{i_1} \bigcup U_{i_2} \bigcup \cdots \bigcup U_{i_k}, A, d)$,使得 $DT \subseteq DT_{(i_1,i_2,\cdots,i_k)}$。根据定理 3.3.1,$DS$ 从 Hu 的差别矩阵差别函数得到的约简可以保持 $DT_{(i_1,i_2,\cdots,i_k)}$ 的正区域,从而也可以保持 DT 的正区域。

(2) 设 DT 是 DS 的一个不一致决策子系统。DT 可以用算法 3.3.1 分解成若干个一致的决策子系统。对于每个子系统,都存在由 DS 分解的一致决策子系统 $DT_{(i_1,i_2,\cdots,i_k)} = (U_0 \bigcup U_{i_1} \bigcup U_{i_2} \bigcup \cdots \bigcup U_{i_k}, A, d)$ 包含 DT,根据定理 3.3.1,由 $M(DS)$ 得到的约简可以保持每个 $DT_{(i_1,i_2,\cdots,i_k)} = (U_0 \bigcup U_{i_1} \bigcup U_{i_2} \bigcup \cdots \bigcup U_{i_k}, A, d)$ 的正区域,也能保持 DT 分解的一致决策子系统的正区域,从而可以保持 DT 的正区域。

定理 3.3.3 在一致的决策系统 DS 中,它的 Pawlak 约简就是最稳定的约简。

证明 因为一致的决策系统 DS 的 Pawlak 约简可以保持它的任何子系统的正区域,所以它是最稳定的约简。

从上面 3 个定理知道,F- 并行约简不仅可以由 DS 的 Hu 差别矩阵差别函数的方法得到,而且可以由一致的决策子系统簇的约简逼近不一致的决策子系统的约简。但是因为差别矩阵差别函数的方法本身的时间复杂性过高,人们往往用这个方法进行理论上的研究,在实际应用中,它只是被应用于一些数据规模比较小的领域。所以,以上这种不一致决策系统分解的方法具有比较强的理论意义,在实际应用中,尚需要对算法进行改进和提高。此外,通过不一致决策系统的分解,可以用一致决策系统簇中正区域求取约简的方法逼近差别矩阵差别函数的方法,反过来,也可以用差别矩阵差别函数求取约简的方法逼近正区域求取约简的方法,这种分解方法在差别矩阵差别函数求取约简的方法和正区域求取约简的方法之间建立了等价关系。

❖例 3.3.1　$DS = (U,A,d)$ 是一个决策系统,如表 3.3 所示,其中,$A = \{a,b,c\}$ 是条件属性集合,d 是决策属性。

表 3.3 中,x_1 与 x_2 矛盾,x_3 与 x_4 矛盾,只有 x_5 与其他不矛盾。根据算法 3.3.1,我们可以将表 3.3 分解成 $F = \{DT_1,DT_2,DT_3,DT_4\}$,分别对应表 3.4、表 3.5、表 3.6、表 3.7。

表 3.3　决策系统 *DS*

U	a	b	c	d
x_1	1	1	1	0
x_2	1	1	1	1
x_3	0	1	1	0
x_4	0	1	1	1
x_5	0	0	0	2

表 3.4　决策子系统 *DT₁*

U_1	a	b	c	d
x_2	1	1	1	1
x_3	0	1	1	0
x_5	0	0	0	2

表 3.5　决策子系统 *DT₂*

U_2	a	b	c	d
x_1	1	1	1	0
x_3	0	1	1	0
x_5	0	0	0	2

表 3.6　决策子系统 *DT₃*

U_3	a	b	c	d
x_1	1	1	1	0
x_4	0	1	1	1
x_5	0	0	0	2

表 3.7　决策子系统 DT_4

U_4	a	b	c	d
x_2	1	1	1	1
x_4	0	1	1	1
x_5	0	0	0	2

容易得到 F- 并行约简为 $\{a,b\}$ 和 $\{a,c\}$，F- 并行约简的核为 $\{a\}$，与 Hu 差别矩阵差别函数的方法从 DS 中得到的结果一致。

3.4　小结与展望

在本章中，我们先对 F- 粗糙集及并行约简的概念做了介绍，给出了 F- 粗糙集模型中一个概念的上近似、下近似、正区域、负区域、边界域、属性重要性等概念，并行约简相关算法，明确 F- 粗糙集模型是信息系统簇或决策系统簇中的粗糙集模型，解释了该模型适合研究事物的动态变化与发展，对其研究现状进行总结，探讨了其理论和实际意义。

并行约简和 F- 粗糙集的研究目前处于发展阶段。并行约简和 F- 粗糙集几乎可以利用粗糙集理论的所有成果，扩展到粗糙集理论能够到达的任何地方。具体而言，并行约简和 F- 粗糙集未来的研究重点主要有以下几个方面[74]。

（1）并行约简和 F- 粗糙集的性质研究。在已有的各种约简算法基础上，深入研究并行约简的性质，为各种数据情况下的并行约简算法奠定理论基础。在各种粗糙集模型的基础上，研究 F- 粗糙集的性质，为 F- 粗糙集的应用打下理论基础。

（2）并行约简的算法研究。并行约简的算法研究是并行约简研究的重点，研究高效、稳定、泛化能力强的并行约简，是并行约简的研究核心。

（3）并行约简与 F- 粗糙集的逻辑研究。将一般的 Rough 逻辑与并行约简的思想相结合。

（4）并行约简与 F- 粗糙集的公理化研究。寻找并行约简和 F- 粗糙集的最小公理也是并行约简和 F- 粗糙集的研究方向之一。

（5）并行约简、F- 粗糙集与各种粗糙集模型相结合。并行约简、F- 粗糙集可以和各种粗糙集模型,包括可变精度粗糙集模型、概率粗糙集模型、粗糙模糊集模型、模糊粗糙集模型、决策粗糙集模型等各种粗糙集模型相结合,可在这些模型中推广并行约简和 F-粗糙集的思想与算法。

(6) 并行约简、F-粗糙集与其他数据挖掘机器学习算法结合。和传统的粗糙集一样,并行约简、F-粗糙集的思想可以和各种数据挖掘机器学习的方法相结合,包括遗传算法、神经网络等。

(7) 大决策系统的分解成决策子表方法的研究。如何选取部分数据组成若干个决策子表,以及选取多少个决策子表进行并行约简,是并行约简与动态约简研究的难点。

(8) 并行约简和 F-粗糙集的应用研究。将并行约简的方法推广到实际应用中是并行约简理论研究的生命源泉。并行约简和 F-粗糙集适合研究动态的、变化的数据,利用并行约简和 F-粗糙集的思想可以研究诸如概念漂移、模式识别等注重过程的内容。

(9) 从纯数学角度对并行约简和 F-粗糙集进行研究。将群、环、域、理想等数学概念与并行约简、F-粗糙集相结合,也许并行约简和 F-粗糙集能够成为云计算的理论基础。

(10) 并行约简、F-粗糙集与其他不确定性理论、粒计算理论相结合。将模糊集、云模型、商空间、证据理论等不确定性理论及粒计算理论与并行约简、F-粗糙集相结合,也许并行约简、F-粗糙集能为其他不确定性理论、粒计算理论提供新的方法。

第4章　基于并行约简的概念漂移探测

　　1986 年,Schlimmer 和 Granger 二人首次提出"概念漂移"(concept drift) 的定义[160]。他们认为概念漂移是周围环境的潜在改变或多或少地引起目标概念在一定程度上发生变化的过程。1993 年,Lidmer 把这种目标概念变化的过程称为"真实概念漂移",把周围环境变化引起的数据集分布发生变化的过程叫作"虚拟概念漂移"。[161] 真实概念漂移与虚拟概念漂移二者可以同时发生,当然也可以只发生虚拟概念漂移。"概念漂移"一词常见于有关数据挖掘、机器学习类的文章之中。从数据信息的角度来考虑,现实中的数据往往都存在非显性的内容,并且这些内容随着时间的推移或多或少会发生一些极其细微的变化,我们却无法预知这些变化的发生,但是这些细微的变化在发生一定时间之后可以使得目标概念发生某些改变。

　　随着互联网技术的快速发展,生活中的数据信息呈现增量式的改变。数据流具有随时间顺序排列、没有终点,并且可能出现概念漂移现象等特征[161,162]。数据流挖掘是当前数据挖掘研究的一个热点,概念漂移的探测以及数据流的分类是当前数据流挖掘的主要研究方向。滑动窗口技术是探测概念漂移常用的技术[163],窗口或者是固定大小,或者大小可变化。数据流的分类策略主要有两类:单一分类器和集成分类器。单一分类器通过对初始模型进行增量式更新,适应概念漂移[164—166]。单一分类器更新速度慢,准确率较差。集成分类器将数据实例划分成不同的数据块,每个数据块训练一个基础分类器,多个基础分类器构成集成分类器,随着时间的变化,淘汰或更新一部分分类准确率低的基础分类器。其中,文献[162] 提出基于半监督学习的集成分类算法 SEClass,能利用少量已标记数据和大量未标记数据训练和更新集成分类器,并使用多数投票方式对测试数据进行分类;文献[167] 提出 M_ID4 的数据流挖掘算法,它是在大容量数据流挖掘中,通过尽量少的训练样本来实现概念漂移检测的快速方法;文献[168—171]也提出相关集成分类算法。这些算法使集成分类器的分类准确率不断提高,因此集成分类器更能适应概念漂移,分类准确率也较高。

在传统的分类器中,无论是单一分类器还是集成分类器,通常都是基于所有的属性来进行分类和决策的。然而,不同的属性对分类的作用是不同的,有些属性是冗余的,对分类不起作用,可以删除,也较少考虑删除掉冗余属性后,再检测概念漂移。在并行约简中,决策子表簇作为一个整体被考虑。这意味着我们不再单独考虑每个决策子表,而是将它们作为一个整体来处理。通过删除决策子表中那些对分类不起作用的冗余属性,我们可以减少计算量,并更加专注于那些对分类起关键作用的属性集合。如果我们对决策子表各自进行约简,而不是并行约简,那么每个子表中保留的条件属性将不完全相同。在这种情况下,当探测概念漂移时,由于缺乏相同的属性和相同的标准,我们得到的结论的可理解性和可靠性就会大打折扣。因此,为了确保在探测概念漂移时的准确性和可靠性,我们需要在探测概念漂移之前删除对分类不起作用的冗余属性。通过整体上降维并统一探测真正对分类起作用的属性集合的概念漂移,我们可以更好地理解数据流中的变化。总的来说,并行约简是一种有效的处理决策子表中冗余属性的方法。它可以帮助我们减少计算量,更加专注于对分类起关键作用的属性集合。同时,通过在探测概念漂移之前删除冗余属性,我们可以提高概念漂移的探测和分类的准确性、可靠性。

利用粗糙集理论研究数据流和概念漂移比较少见。文献[172]介绍利用粗糙集的上下近似检测概念漂移,并利用粗糙率度量概念漂移;文献[173]介绍运用 F- 粗糙集方法提出了概念漂移的 8 个度量指标。本章首先利用 F-粗糙集的并行约简理论,将数据流的各个滑动窗口(子决策表)中对分类不起作用的冗余属性整体删除,然后运用各个子表(滑动窗口)中属性重要性的变化探测概念漂移。传统方法主要依靠分类准确率的变化,利用外部特性进行比较,探测概念漂移现象。本章方法与传统的概念漂移探测方法不同,利用数据的内部特性——并行约简后,属性发生重要性的变化——探测概念漂移现象。

4.1 基于属性重要性的概念漂移探测度量的提出

这一节我们将给出探测概念漂移度量的具体定义,并建立基于概念漂移度量的评价标准,用以解决实际情况中数据流概念漂移问题。通过并行约简删除了数据流中对分类不起作用的冗余属性。受文献[66,77]中属性重要性矩阵的启发,我们建立数据流约简后的属性重要性矩阵,用于描述在不同的决策子表(滑动窗口)中并行约简中的每个属性对分类的贡献,它的定义如下。

定义 4.1.1 $DS = (U, A, d)$ 是一个数据流决策系统,$P(DS)$ 是 DS 的幂集,$F \subseteq P(DS)$ 是数据流 $DS = (U, A, d)$ 的若干个滑动窗口的集合,$B \subseteq A$ 是 F 的并行约简。并行约简 $B \subseteq A$ 关于 F 的属性重要性矩阵定义为:

$$\boldsymbol{M}(B, F) = \begin{bmatrix} \sigma_{11} & \sigma_{12} & \cdots & \sigma_{1m} \\ \sigma_{21} & \sigma_{22} & \cdots & \sigma_{2m} \\ \vdots & \vdots & \ddots & \vdots \\ \sigma_{n1} & \sigma_{n2} & \cdots & \sigma_{nm} \end{bmatrix} \tag{4.1}$$

其中,$\sigma_{ij} = \gamma_i(B, d) - \gamma(B - \{a_j\}, d)$,$a_j \in B$,$DT_i = (U_i, A, d) \in F$,$\gamma_i(B, d) = \dfrac{|POS(DT_i, B, d)|}{|U_i|}$,$n$ 代表 F 中子决策子表的个数,m 代表 B 中条件属性的个数。

属性重要性矩阵 $\boldsymbol{M}(B, F)$ 与文献[68]中属性重要性矩阵的最大区别在于:$\boldsymbol{M}(B, F)$ 是计算并行约简中各个属性的重要性,从而形成属性重要性矩阵,它选择了那些对分类起作用的属性,并删除了那些对分类不起作用的属性;而后者是约简前的属性集合中的属性重要性形成的属性重要性矩阵。当然,在具体计算的过程中,我们不一定需要形成矩阵的形式,但这种矩阵形式可读性、可理解性强。

根据属性重要性矩阵的定义,很容易证明属性重要性矩阵的下列属性。

定理 4.1.1 数据流决策子表簇 $F \subseteq P(DS)$ 中,$B \subseteq A$ 为并行约简,属性重要性矩阵 $\boldsymbol{M}(B, F)$ 中的元素与属性重要性矩阵 $\boldsymbol{M}(A, F)$ 中相应的元素有如下关系。

(1)若属性 $b \in B \subseteq A$ 为并行约简的核属性,则 b 在 $\boldsymbol{M}(B, F)$ 中对应的

元素值小于等于 b 在 $\boldsymbol{M}(A,F)$ 对应的元素值。

（2）若属性 $b \in B \subseteq A$ 为并行约简的非核属性，则 b 在 $\boldsymbol{M}(B,F)$ 中对应的元素值大于等于 b 在 $\boldsymbol{M}(A,F)$ 对应的元素值。

推论 4.1.1　数据流决策子表簇 $F \subseteq P(DS)$ 中，$B \subseteq A$ 为并行约简，属性重要性矩阵 $\boldsymbol{M}(B,F)$ 中非 0 元素的个数大于等于 $\boldsymbol{M}(A,F)$ 中非 0 元素的个数。

度量概念漂移的指标有多种，大部分关于数据流分类的文献都将分类器的分类准确率作为概念漂移的度量，这种方法存在一定的缺陷。在构成分类器的过程中往往进行了特征选择或剪枝，各部分数据都是独立训练分类器的，特征选择或剪枝也是独立进行的，这就使得分类器的分类准确率缺乏可比性，这是因为即使是同一个数据集，特征选择或剪枝不同，训练出来的分类器对同一个新数据集的分类准确率也不同。

运用粗糙集理论对概念漂移进行度量的指标[172,173]往往依赖于上下近似，这种度量方法对固定窗口影响不大，但如果是滑动窗口，大小不是固定的，而是可变的，这样的指标就显得不够灵活，甚至完全不能度量。下面我们运用属性重要性的变化对概念漂移进行度量。它独立于上下近似的变化，也独立于滑动窗口的大小。它的定义如下。

定义 4.1.2　数据流决策子表簇 $F \subseteq P(DS)$ 中，$B \subseteq A$ 为并行约简，两个滑动窗口 $DT_i, DT_k \in F$ 相对于属性 $b \in B \subseteq A$ 的概念漂移定义为：

$$PRCD_b(DT_k, DT_i) = |\sigma_{kj} - \sigma_{ij}| \tag{4.2}$$

其中，j 为属性 $b \in B \subseteq A$ 在 $\boldsymbol{M}(B,F)$ 中所对应的列。

定义 4.1.3　数据流决策子表簇 $F \subseteq P(DS)$ 中，$B \subseteq A$ 为并行约简，$DT_i, DT_k \in F$，基于并行约简 $B \subseteq A$ 的概念漂移量定义为：

$$PRCD_B(DT_k, DT_i) = \frac{1}{|B|} \sum_{j=1}^{|B|} |\sigma_{kj} - \sigma_{ij}| \tag{4.3}$$

定理 4.1.2　基于并行约简的属性重要性的概念漂移量 $PRCD_b(DT_k, DT_i)$，$PRCD_B(DT_k, DT_i)$ 对称、非负、满足三角不等式。

证明　根据定义容易证明上述定理。

定理 4.1.3　数据流决策子表簇 $F \subseteq P(DS)$ 中，$DT_i, DT_k \in F$，$B \subseteq A$ 为并行约简，则 $\boldsymbol{M}(B,F)$ 中相邻两行对应属性重要性变化的元素个数大于等于 $\boldsymbol{M}(A,F)$ 中相邻两行对应属性重要性变化的元素个数。

证明　在 $\boldsymbol{M}(A,F)$ 中除了核属性的属性重要性非 0 外，其余元素都为零,所以 $M(A,F)$ 属性重要性的变化仅仅在核属性中,而 $M(B,F)$ 中除了核属性外,还可能存在属性重要性非 0 的非核属性,所以 $M(B,F)$ 中相邻两行对应属性重要性变化的元素个数大于等于 $M(A,F)$ 中相邻两行对应属性重要性变化的元素个数。

4.2 探测概念漂移的算法

本节我们讨论的是探测概念漂移的算法。并行约简将决策子表簇作为一个整体考虑,删除了决策子表簇中对分类不起作用的冗余属性,使得在概念漂移的探测和分类时减少了计算量,并将注意力真正集中到对分类起关键作用的属性集合上。如果对决策子表各自进行行约简,而不是并行约简,则每个子表中保留的条件属性不完全相同,在探测概念漂移时,由于缺乏同样的属性和同样的标准,得到结论的可理解性与可靠性就会大打折扣。探测概念漂移的算法的定义如下。

算法 4.2.1 概念漂移检测算法

输入:数据流 $F \subseteq P(DS)$,阈值 δ。

输出:数据流 $F \subseteq P(DS)$ 中是否发生概念漂移。

第 1 步:调用算法 3.2.2,求出并行约简。

第 2 步:计算约简后 F 中各个属性的重要性,形成属性重要性矩阵 $M(B,F)$。

第 3 步:计算相邻两行之间任意属性重要性的差异 $PRCD_b(DT_k, DT_i)$,并算出 $PRCD_B(DT_k, DT_i)$。

第 4 步:概念漂移值 $PRCD_b(DT_k,DT_i)$,$PRCD_B(DT_k,DT_i)$ 与给定的阈值 δ 比较,判定是否发生了概念漂移。

注:阈值 $\delta \in [0,1)$ 的选取我们将在实验中进行说明。

算法 4.2.1 的时间耗费主要在第 1 步求并行约简和第 2 步形成属性重要性矩阵上。第一步的时间复杂性为 $O(m^3 \sum\limits_{U_i \in F} |U_i| \sum\limits_{U_i \in F} \log |U_i|)$,第 2 步的时间复杂性为 $O(\sum\limits_{U_i \in F} m |U_i| \log |U_i|)$,所以算法 4.2.1 的时间复杂性为

$$O(m^3 \sum\limits_{U_i \in F} |U_i| \sum\limits_{U_i \in F} \log |U_i|) + O(\sum\limits_{U_i \in F} m |U_i| \log |U_i|) = O(\max\{m^3 \sum\limits_{U_i \in F} |U_i|$$

$$\sum_{U_i \in F} \log|U_i|, \sum_{U_i \in F} m|U_i|\log|U_i|\}) = O(m^3 \sum_{U_i \in F}|U_i| \sum_{U_i \in F} \log|U_i|) , \text{其中,}$$

m 表示决策子表簇中条件属性的个数。

☢ **例 4.2.1**　下面举个实例来说明下探测概念漂移的具体算法。例如,令 $F = \{DT_1, DT_2\}$,如表 4.1、表 4.2 所示。a, b, c 是条件属性,d 是决策属性。

表 4.1　决策子系统 DT_1

U_1	a	b	c	d
x_1	0	0	1	1
x_2	1	1	0	1
x_3	0	1	0	0
x_4	1	1	0	1

表 4.2　决策子系统 DT_2

U_2	a	b	c	d
y_1	0	1	0	0
y_2	1	1	0	1
y_3	1	1	0	1
y_4	0	1	0	0
y_5	1	2	0	0
y_6	1	2	0	1

调用算法 4.2.1,很容易得到 F 的并行约简为 $B = \{a, b\}$,属性重要性矩阵 $\boldsymbol{M}(A, F)$ 与 $\boldsymbol{M}(B, F)$ 分别为:

$$\boldsymbol{M}(A, F) = \begin{Bmatrix} \sigma_{11} & \sigma_{12} & \sigma_{13} \\ \sigma_{21} & \sigma_{22} & \sigma_{23} \end{Bmatrix} = \begin{Bmatrix} 0.75 & 0.00 & 0.00 \\ 0.67 & 0.33 & 0.00 \end{Bmatrix}$$

$$\boldsymbol{M}(B, F) = \begin{Bmatrix} \sigma_{11} & \sigma_{12} \\ \sigma_{21} & \sigma_{22} \end{Bmatrix} = \begin{Bmatrix} 0.50 & 0.50 \\ 0.67 & 0.33 \end{Bmatrix}$$

DT_1 与 DT_2 之间的概念漂移为:

$$PRCD_a(DT_2, DT_1) = |0.67 - 0.50| = 0.17$$

$$PRCD_b(DT_2, DT_1) = |0.33 - 0.50| = 0.17$$

$$PRCD_B(DT_2, DT_1) = \frac{1}{m}\sum_{j=1}^{m} |\sigma_{2,j} - \sigma_{1,j}|$$

$$= \frac{1}{2}(|0.67 - 0.50| + |0.33 - 0.50|) = 0.17$$

由并行约简 B 可知,条件属性 c 是冗余的属性,将其删除之后,则真正对分类起作用的属性 a,b 的概念漂移就彰显出来了。如果取 $\delta = 0.1$,那么相对于单个属性 a,b 具有概念漂移,相对于整个并行约简 B 也具有概念漂移;如果取 $\delta = 0.2$,那么相对于单个属性 a,b 及相对于并行约简 B 都不具有概念漂移。实际的数据流中,一般情况下,滑动窗口有多个,我们可以类似地求出两个相邻窗口之间的基于并行约简的概念漂移量。

4.3　实验结果

上文我们主要讨论了在数据流下基于正区域的属性重要性矩阵的性质,并提出了基于属性重要性矩阵的概念漂移探测算法。粗糙集中属性重要性的度量方式有多种。下文的实验我们比较了基于正区域的属性重要性矩阵和基于互信息的属性重要性矩阵在探测概念漂移方面的异同,并探索概念漂移和阈值 δ 之间的联系。

实验数据为 KDD—CUP99 网络入侵检测数据 10% 的子集。该数据包含 494021 条记录、42 个属性。

实验中滑动窗口的大小为 $1000 \sim 30000$,步长为 1000;阈值 δ 为 $0.01 \sim 1$,步长为 0.01,相邻滑动窗口之间有 10% 的数据重复率。所有的实验结果类似,我们以滑动窗口为 5000 和 10000 为例进行说明。图 4.1 显示滑动窗口分别为 5000 和 10000 时,相邻两个滑动窗口之间发生概念漂移与阈值 δ 之间的关系。当 $PRCD_B(DT_i, DT_{i+1}) \geqslant \delta$ 时计一次概念漂移,其中,B 为相邻两窗口之间的并行约简。实验结果表明,当 $\delta \geqslant 0.15$ 时,基于互信息的属性重要性(图 4.1a)和基于正区域的属性重要性(图 4.1b)的概念漂移现象很少,甚至完全没有。

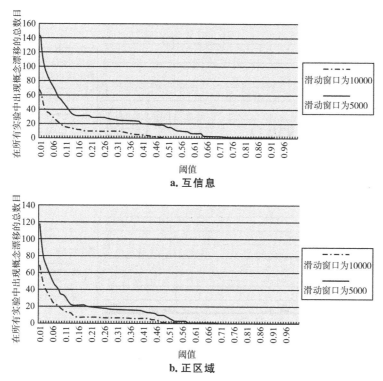

图 4.1　相对于并行约简的概念漂移总数与阈值 δ 之间的关系

图 4.2 和图 4.3 分别是滑动窗口为 5000 和 10000 时,相邻两滑动窗口之间基于互信息的属性重要性并行约简(图 4.2a 和图 4.3a)和基于正区域的属性重要性并行约简(图 4.2b 和图 4.3b)后单个属性重要性的变化,即当属性 b 为并行约简 B 中的属性,且 $PRCD_b(DT_i,DT_{i+1})\geqslant\delta$ 时计数一次.图 4.2 和图 4.3 中都用并行约简包含的属性个数与发生概念漂移的属性个数作为参照.实验结果显示,当 $\delta\geqslant0.15$ 时,单个属性的概念漂移现象很少,甚至完全没有,而且用互信息的属性重要性作为指标探测概念漂移现象比正区域的属性重要性探测概念漂移现象明显.

根据两种并行约简属性重要性矩阵的特性和实验结果,一般情况下阈值 δ 的取值应该不大于 0.15,最好 $\delta\in[0.01,0.1]$.通过上述分析可知,利用基于正区域的属性重要性在探测概念漂移方面的效果比基于互信息的属性重要性在探测概念漂移方面的效果要差一些,在以后利用并行约简探测概念漂移时,我们可以优先选择基于互信息的并行约简去探测概念漂移.

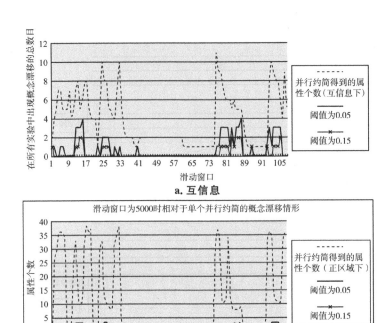

a. 互信息

b. 正区域

图 4.2　滑动窗口为 5000 时相对于并行约简中单个属性的概念漂移情形

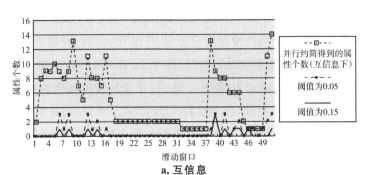

a. 互信息

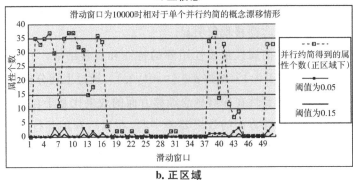

b. 正区域

图 4.3　滑动窗口为 10000 时相对于并行约简中单个属性的概念漂移情形

4.4　小结与展望

数据流挖掘是当前数据挖掘研究的一个热点,概念漂移检测是数据流挖掘的一个重要研究方向。虽然有不少概念漂移的探测方法,但是它们都有一些共同的缺陷:没有整体上删除冗余属性以及利用外部属性去探测概念漂移(比如利用对外部数据的分类准确率)等。我们利用粗糙集和F-粗糙集的基本原理、基本方法,把数据流中的滑动窗口当成决策子表簇,提出了一种对数据流进行并行约简、整体删除冗余属性的方法,并运用并行约简后数据流决策子表簇中属性重要性的变化探测概念漂移现象。与传统的方法不同,新方法利用数据的内部特性对概念漂移进行探测。实验结果显示,该方法能够有效地整体删除冗余属性、探测概念漂移现象,并且基于互信息的属性重要性在概念漂移探测方面比基于正区域的属性重要性效果要好些。

基于粗糙集的概念漂移探测研究,我们取得了一定的成果,进一步扩展粗糙集理论与应用范围,不过仍存在一些问题需在以后的研究工作中予以解决,具体如下。

(1)基于并行约简的集成分类器。F-粗糙集和集成分类器都是数据流中数据分析的重要理论工具,基于并行约简的概念漂移探测是构建基于并行约简的集成分类器的初步阶段,在寻找一个合适的契合点聚合两个理论的优势。

(2)真正实现对集成分类器的优化。这是必须解决的问题。

(3)概念漂移探测算法的改进。文中提出的概念漂移的算法需要进一步改进,以提高其泛化能力及效果。

解决上述问题需要深入研究、创新方法和多方面的实验验证。现初步给出相关构想。首先,构建一个能够结合F-粗糙集和集成分类器优势的基于并行约简的集成分类器,准备通过深入研究F-粗糙集和集成分类器的理论基础,找出两者的共同点和差异。同时,探索并行约简在集成分类器中的应用,寻找一个有效的结合方式。其次,若要实现对基于并行约简的集成分类器的优化,提高其分类性能,可以准备从多个角度进行优化,如改进分类器的学习算法、优化属性约简策略、考虑动态权重调整等。此外,还可以借鉴其他成功的分类器优化方法,如遗传算法、粒子群优化等;为提高概念漂移探测算法的泛化能力和效果，应该分析现有算法的不足之处，提出改进措施，这可能包括引入新的探测指标、改进算法的自适应性、考虑多种概念漂移类型的处理等。同时，通过实验验证新算法的性能。

在理论研究的同时，应注重实验验证，确保所提出的方法和算法在实际应用中具有可行性和有效性。借鉴相关领域的研究成果和方法，如数据挖掘、机器学习、模式识别等，为问题的解决提供新的思路和方法。鼓励创新思维和方法，不断挑战现有理论和方法的局限性，推动粗糙集理论和应用的发展。

第5章　信息表中概念漂移与不确定性分析

　　现实中的数据往往随着时间的变化而变化,例如证券交易数据、微博数据、视频数据、传感器数据等,这种类型的数据称为数据流。数据流具有按照时间顺序排列、快速变化、海量甚至无限并且可能出现概念漂移现象等特征[174—176]。数据流挖掘是当前数据挖掘研究的一个热点,数据流分类和概念漂移探测是数据流挖掘的主要研究方向。

　　粒计算[22]是人类智能处理问题的思维方式,也是处理不确定性问题的方法。粒计算的主要方法有模糊集[15,16]、粗糙集[17,39,40]、商空间[30]和云模型[31]等。粗糙集理论[17,39,40]是一种处理不精确、不完全、含糊数据的有效数学工具,是数据挖掘和分类的重要方法。传统的粗糙集理论不太适合研究海量的、动态变化的数据,也不太适合研究数据流;F-粗糙集[66,67]将粗糙集理论从单个信息表或决策表推广到多个,比较适合研究动态变化的数据,能够研究数据流和概念漂移。

　　利用粗糙集理论研究数据流和概念漂移比较少见。文献[172,173]利用粗糙集的上下近似的变化去度量概念漂移。文献[177]把每个滑动窗口看成是一个决策子表,利用并行约简的方法整体删除冗余属性,通过比较不同子表之间的属性重要性变化探测概念漂移。

　　粗糙集一个非常大的优势在于不确定性分析。研究者们提出了上下近似[17,39,40]、隶属度[178]、信息熵[179]、条件熵[180,181]、粗糙熵、模糊熵[182—185]等不确定性度量指标来刻画和描述数据的不确定性,其中最原始、最本质、最核心的不确定性分析和度量指标是上下近似。

　　本章结合数据流、概念漂移和粗糙集、F-粗糙集的基本观点、基本方法,分析了信息表内信息粒度的概念变化和整个信息表内概念的整体变化。

5.1　信息粒度的概念漂移与不确定性分析

一个概念既可用外延表示,也可用内涵表示。但概念不一定是精确的,所以粗糙集常用上下近似来表示和逼近一个概念。本节我们将研究概念的上下近似在同一个信息表中的变化,即概念漂移与概念耦合。

定理 5.1.1　在一个信息表 $IS = (U,A)$ 中,对于 $\varnothing \subset B_1 \subseteq B_2 \subseteq A$ 和 $X \subseteq U$,有 $\underline{B_1}(IS,X) \subseteq \underline{B_2}(IS,X) \subseteq \overline{B_2}(IS,X) \subseteq \overline{B_1}(IS,X)$。

推论 5.1.1　在一个信息表 $IS = (U,A)$ 中,对于 $\varnothing \subset B_1 \subseteq B_2 \subseteq A$ 和 $X \subseteq U$,有 $BN_{B_2}(X) \subseteq BN_{B_1}(X)$。

我们将文献[173]中度量概念漂移、概念耦合等的指标进行改造,使之能更好地度量信息系统中概念的变化。

定义 5.1.1　设信息表 $IS = (U,A)$ 中,对于 $\varnothing \subset B_1 \subseteq B_2 \subseteq A$ 和 $X \subseteq U$,则概念 X 相对于 B_1,B_2 的上近似、下近似漂移量分别定义为:

$$\overline{\Delta_{1,2}}(X) = \overline{B_1}(IS,X) - \overline{B_2}(IS,X) \tag{5.1}$$

$$\underline{\Delta_{1,2}}(X) = \underline{B_2}(IS,X) - \underline{B_1}(IS,X) \tag{5.2}$$

其中,"—" 为集合减法。

定义 5.1.2　设信息表 $IS = (U,A)$ 中,对于 $\varnothing \subset B_1 \subseteq B_2 \subseteq A$ 和 $X \subseteq U$,则概念 X 相对于 B_1,B_2 的上近似、下近似耦合度分别定义为:

$$\overline{c_{1,2}}(X) = \frac{\left| \overline{B_2}(IS,X) \right|}{\left| \overline{B_1}(IS,X) \right|} \tag{5.3}$$

$$\underline{c_{1,2}}(X) = \frac{\left| \underline{B_1}(IS,X) \right|}{\left| \underline{B_2}(IS,X) \right|} \tag{5.4}$$

其中,$| * |$ 表示"$*$"的势。

概念 X 相对于 B_1,B_2 的上近似、下近似漂移度分别定义为:

$$\overline{d_{1,2}}(X) = 1 - \overline{c_{1,2}}(X) \tag{5.5}$$

$$\underline{d_{1,2}}(X) = 1 - \underline{c_{1,2}}(X) \tag{5.6}$$

定理 5.1.2　设 $DS = (U,A,d)$ 是一个决策系统,$B_1 \subseteq A$ 是一个约简,则对于任意 $B_1 \subseteq B_2 \subseteq A$ 和任意概念 $X = \{x \mid d(x) = d_1 \wedge x \in U\}$(其中,$d_1$ 为常数),有:

$$\underline{\Delta}_{1,2}(X) = \underline{B_2}(IS,X) - \underline{B_1}(IS,X) = \varnothing$$

$$\underline{c}_{1,2}(X) = \frac{|\underline{B_1}(IS,X)|}{|\underline{B_2}(IS,X)|} = 1$$

$$\underline{d}_{1,2}(X) = 1 - \underline{c}_{1,2}(X) = 0$$

证明　我们只证明第 1 个公式,后面 2 个公式由第 1 个公式推得。

反设存在概念 $X = \{x \mid d(x) = d_1 \wedge x \in U\}$,使得 $\underline{\Delta}_{1,2}(X) = \underline{B_2}(IS, X) - \underline{B_1}(IS, X) = \varnothing$,根据定理 5.1.1,$POS_{B_1}(d) \neq POS_A(d)$,与 B_1 是 DS 的约简矛盾,证毕。

定理 5.1.3　设 $DS = (U, A, d)$ 是一个决策系统,$B_1 \subseteq A$ 是一个约简,则对于任意 $B_1 \subseteq B_2 \subseteq A$ 和任意概念 $X = \{x \mid d(x) = d_1 \wedge x \in U\}$(其中,$d_1$ 为常数),有:

$$\underline{\Delta}_{0,1}(X) = \underline{B_1}(IS,X) - \underline{B_0}(IS,X) \neq \varnothing$$

$$\underline{c}_{0,1}(X) = \frac{|\underline{B_0}(IS,X)|}{|\underline{B_1}(IS,X)|} < 1$$

$$\underline{d}_{1,2}(X) = 1 - \underline{c}_{1,2}(X) > 0$$

证明　与定理 5.1.2 的证明方式类似,我们只证明第 1 个公式,第 2 个公式由第 1 个公式推得。

反设对于所有的概念 $X = \{x \mid d(x) = d_1 \wedge x \in U\}$,使得 $\underline{\Delta}_{1,2}(X) = \underline{B_2}(IS, X) - \underline{B_1}(IS, X) = \varnothing$,则有 $POS_{B_0}(d) = POS_{B_1}(d) = POS_A(d)$,根据约简定义,$B_0$ 是 DS 约简的超集,与 B_1 是 DS 的约简矛盾,证毕。

定义 5.1.3　在决策系统 $DS = (U, A, d)$ 中,$B \subseteq A$ 是 DS 的约简,当且仅当 $B \subseteq A$ 满足以下 2 个条件:

(1)$POS_B(d) = POS_A(d)$;

(2)对于任意 $S \subseteq B$,有 $POS_S(d) \neq POS_B(d)$。[17,39,40]

定义 5.1.4　在决策系统 $DS = (U, A, d)$ 中,$U/\{d\} = \{Y_1, Y_2, \cdots, Y_P\}$,对于任意 $a \in A$,有 $U/\{a\} = \{[x_1]_{\{a\}}, [x_2]_{\{a\}}, \cdots, [x_n]_{\{a\}}\}$,则 $B \subseteq A$ 是 $Y \in U/\{d\}$ 的值约简,当且仅当 $B \subseteq A$ 满足以下 2 个条件:

(1)$\bigcup \bigcap_{b \in B} U/\{b\} \subseteq Y$;

(2)对于任意 $s \subseteq B$,有 $\bigcup \bigcap_{b \in B - \{s\}} U/\{b\} \not\subseteq Y$。[185]

定理 5.1.4　设 $DS = (U, A, d)$ 是一个决策系统,$X = \{x \mid d(x) = d_1 \wedge x \in U\}$ 是一个概念,$B_1 \subseteq A$ 是 X 的一个约简,则:

$$\underline{\Delta}_{1,A}(X) = \underline{A_1}(IS,X) - \underline{B_1}(IS,X) = \varnothing$$

$$\underline{c_{1,A}}(X) = \frac{|\underline{B_1}(IS,X)|}{|\underline{A}(IS,X)|} = 1$$

$$\underline{d_{1,A}}(X) = 1 - \underline{c_{1,A}}(X) = 0$$

证明　根据值约简的定义以及相应的概念漂移、概念耦合等定义,立得上述结论。证毕。

☢ **例 5.1.1**　设 $DS_1 = (U,A,d)$ 是决策表(表 5.1),其中,a,b,c 是条件属性,d 是决策属性。

表 5.1　决策表

U	a	b	c	d
y_1	0	1	0	0
y_2	1	1	0	1
y_3	1	1	0	1
y_4	0	1	0	0
y_5	1	2	0	0
y_6	1	2	0	1

令 $X = \{x \mid d(x) = 0, x \in U\}$,$B_0 = \{a\}$,$B_1 = \{a,b\}$,则:

$$\underline{\Delta_{0,1}}(X) = \underline{B_1}(IS,X) - \underline{B_0}(IS,X) = \varnothing$$

$$\overline{\Delta_{0,1}}(X) = \overline{B_0}(X) - \overline{B_1}(X) = \{y_1,y_2,y_3,y_4,y_5,y_6\} - \{y_1,y_4,y_5,y_6\} = \{y_2,y_3\}$$

$$\underline{c_{0,1}}(X) = \frac{|\underline{B_0}(X)|}{|\underline{B_1}(X)|} = \frac{2}{2} = 1$$

$$\overline{c_{0,1}}(X) = \frac{|\overline{B_1}(X)|}{|\overline{B_0}(X)|} = \frac{4}{6} = \frac{2}{3}$$

$$\underline{d_{0,1}}(X) = 1 - \underline{c_{0,1}}(X) = 0$$

$$\overline{d_{0,1}}(X) = 1 - \overline{c_{0,1}}(X) = \frac{1}{3}$$

容易看出,B_0 是决策表 DS_1 的约简,定理 5.1.1、定理 5.1.2、定理 5.1.3、定理 5.1.4 都成立。

5.2　决策表整体的概念漂移与不确定性分析

第 5.1 节讨论针对信息表或决策表内单个概念的概念漂移与耦合,对于整个决策表或信息表,这些指标显得非常局限,因为一个决策表或信息表中有多个概念。将多个概念放在一起讨论概念漂移、耦合及其度量是本节的内容。

定理 5.2.1　设 $DS = (U, A, d)$ 是一个决策系统,对于 $\emptyset \subset B_1 \subseteq B_2 \subseteq A$,则有 $POS_{B_1}(d) \subseteq POS_{B_2}(d) \subseteq POS_A(d)$。

根据定理 5.2.1,将文献[173]中指标进行改造,我们得到下列概念漂移、概念耦合的度量指标。

定义 5.2.1　设 $DS = (U, A, d)$ 是一个决策系统,$\emptyset \subset B_1 \subseteq B_2 \subseteq A$,则决策表中相对于 B_1, B_2 的概念漂移定义为:

$$\Delta_{1,2} = POS_{B_2}(d) - POS_{B_1}(d) \tag{5.7}$$

定义 5.2.2　设 $DS = (U, A, d)$ 是一个决策系统,$\emptyset \subset B_1 \subseteq B_2 \subseteq A$,则决策表中相对于 B_1, B_2 的概念耦合度定义为:

$$c_{1,2} = \frac{\left| POS_{B_1}(d) \right|}{\left| POS_{B_2}(d) \right|} \tag{5.8}$$

定义 5.2.3　设 $DS = (U, A, d)$ 是一个决策系统,$\emptyset \subset B_1 \subseteq B_2 \subseteq A$,则决策表中相对于 B_1, B_2 的概念漂移度定义为:

$$d_{1,2} = \frac{\left| POS_{B_2}(d) - POS_{B_1}(d) \right|}{\left| POS_{B_2}(d) \right|} = 1 - c_{1,2} \tag{5.9}$$

定理 5.2.2　设 $DS = (U, A, d)$ 是一个决策系统,$B_1 \subseteq A$ 是一个约简,则对于任意的 $B_1 \subseteq B_2 \subseteq A$,有:

$$\Delta_{1,2} = POS_{B_2}(d) - POS_{B_1}(d) = \emptyset$$

$$c_{1,2} = \frac{\left| POS_{B_2}(d) \right|}{\left| POS_{B_1}(d) \right|} = 1$$

$$d_{1,2} = \frac{\left| POS_{B_2}(d) - POS_{B_1}(d) \right|}{\left| POS_{B_2}(d) \right|} = 1 - c_{1,2} = 0$$

证明　根据定理 5.2.1、定义 5.2.1、定义 5.2.2、定义 5.2.3 及属性约简的定义,立得上述结论。

定理 5.2.3　设 $DS = (U, A, d)$ 是一个决策系统,$B_1 \subseteq A$ 是一个约简,则对于任意的 $B_0 \subseteq B_1 \subseteq A$,有:

$$\Delta_{0,1} = POS_{B_1}(d) - POS_{B_0}(d) \neq \emptyset$$

$$c_{0,1} = \frac{\left| POS_{B_0}(d) \right|}{\left| POS_{B_1}(d) \right|} < 1$$

$$d_{0,1} = \frac{\left| POS_{B_1}(d) - POS_{B_0}(d) \right|}{\left| POS_{B_1}(d) \right|} = 1 - c_{0,1} > 0$$

证明 根据定理5.2.1、定义5.2.1、定义5.2.2、定义5.2.3及属性约简的定义，立得上述结论。证毕。

例5.2.1 设 $DS_2 = (U, A, d)$ 是决策表（表5.2）。其中，a, b, c 是条件属性，d 是决策属性。

表5.2 决策表

U	a	b	c	d
x_1	0	0	1	1
x_2	1	1	0	1
x_3	0	1	0	0
x_4	1	1	0	1

令 $B_1 = \{a\}$，$B_2 = \{a, b\}$，则：

$$POS_{B_1}(d) = \{x_2, x_4\}$$
$$POS_{B_2}(d) = \{x_1, x_2, x_3 x_4\}$$
$$\Delta_{1,2} = POS_{B_2}(d) - POS_{B_1}(d) = \{x_1, x_3\}$$
$$c_{1,2} = \frac{\left| POS_{B_2}(d) \right|}{\left| POS_{B_1}(d) \right|} = \frac{2}{4} = \frac{1}{2}$$
$$d_{1,2} = 1 - c_{1,2} = \frac{1}{2}$$

在决策表 DS_2 中，B_2 是它的一个约简，容易看出，定理5.2.1、定理5.2.2、定理5.2.3都成立。

5.3 概念漂移与不确定性分析的认识论意义

粗糙集理论认为"知识就是分类"，区分不同的物体是人类知识的体现，分类也需要知识，也就是说知识需要知识来表达。但不同的知识表达不一样，人类的认识是一个过程，在这个认识过程中选取什么特征来表达知识？选取多少特征？到什么时候为止？这个过程对人类来说是一个自发的直觉过程。继承文献[186]的思想，我们利用粗糙集和概念耦合的思想来回答这些问题。

在决策系统 $DS = (U, A, d)$ 中,假定条件属性集 $A_1 \subset A_2 \subset \cdots \subset A_n \subset \cdots \subset A$ 是一个不断变化的过程,也是一个认识不断深入的过程,我们通过 A 来表达和认识 d。

认识收敛有以下 2 条标准。

标准 1　$POS_A(d) = U$。

标准 2　$c_{n-1,n} = \dfrac{\left| POS_{A_{n-1}}(d) \right|}{\left| POS_{A_n}(d) \right|} = 1$。

这 2 条标准也是认识收敛的定义。标准 1 表明决策系统 $DS = (U, A, d)$ 是一致的,所有概念的边界域为空,它们的上近似等于下近似;标准 2 表明增加的属性 $A_n - A_{n-1}$ 对区分表中的个体不起作用。标准 1 是理想的标准,标准 2 是现实的标准,这是因为现实世界中并不是每个概念都是精确的,很多概念都是含糊不清、边界域不为空的。

在信息系统 $IS = (U, A)$ 中,因为没有决策属性 d 的约束,认识收敛的标准定义如下。

标准 3　对于任意的概念 $X \subseteq U$,有:

$$\overline{c_{n-1,n}}(X) = \frac{\left| \overline{A_n}(IS, X) \right|}{\left| \overline{A_{n-1}}(IS, X) \right|} = 1$$

且

$$\underline{c_{n-1,n}}(X) = \frac{\left| \underline{A_{n-1}}(IS, X) \right|}{\left| \underline{A_n}(IS, X) \right|} = 1$$

标准 3 表明从 A_{n-1} 到 A_n 对信息系统 $IS = (U, A)$ 中的每一个概念都不会发生变化。

标准 1 是一个理想的标准,在这个标准中,所有的对象都被清晰地区分,没有不确定性,没有模糊,也没有粗糙。标准 2 和标准 3 只是一个局部收敛的标准,随着认识的进一步深入,比如从 A_n 到 A_{n+1} 这些指标值也许不等于 1,这时认识达到了一个新的高度。例如,长期以来,人们一般是根据相貌、体态、步态、声音等识别某个人,这种识别方式虽然有一定的误差,但基本稳定。直到近年来使用 DNA 技术,才能彻底区分不同的人。当然,我们可以等价地用概念漂移度来定义和度量认识收敛,这里不再赘述。

5.4　小结与展望

在本章中，我们从粒计算、粗糙集和数据流、概念漂移的角度观察信息表，以上下近似为工具，定义了概念的上下近似漂移、上下近似耦合等概念，分析了信息表内概念随属性的变化而变化的特性；从单个概念和整个信息表或决策表 2 种不同的粒度层次上分析、度量了概念漂移与概念耦合；从信息表和决策表的角度定义了认识收敛的概念，指出其认识论意义。

未来可以从以下几个方面进行深入探讨。

（1）扩展粒计算和粗糙集方法的应用范围。除了本章所提到的粒计算和粗糙集方法外，还可以探索其他方法来分析和度量数据流或信息表中的不确定性。这些方法可以包括其他的粒计算方法和粗糙集变体，以及其他的机器学习算法、技术。

（2）深入研究概念漂移和耦合的机制。本章已经初步探讨了概念漂移和耦合的机制，但还有更多工作需要做。例如，可以深入研究不同类型的数据流（如时间序列数据、图像数据等）中概念漂移和耦合的机制、特性。

（3）集成分类器和数据流分类的应用。本章的研究成果可以应用于集成分类器和数据流分类。未来可以进一步探索如何将粒计算、粗糙集不确定性和概念漂移、耦合等概念应用于这些分类器中，以提高分类的准确性和效率。

（4）实际应用场景的验证。本章的研究成果需要在实际应用场景中进行验证。未来可以进一步探索如何将本章的研究成果应用于实际问题，如金融风险评估、医疗诊断、智能推荐系统等。通过实际应用场景的验证，可以进一步验证本章研究成果的有效性和实用性。

第 6 章　知识系统中全粒度粗糙集与概念漂移

人们在判定、处理问题、形成概念的时候往往是根据部分信息或所掌握的信息,而这些信息是变化的、不确定的,甚至错误的。比如,称赞一个人漂亮时,不同的人表达的意义和内涵是不一样:有人关注面容,有人注重身材,有人关注气质,还有人重视品德。粒计算是人类智能思考和解决不确定性问题的重要方法,对知识的粒化是人类认识主、客观世界的重要方式。模糊集理论、粗糙集理论、商空间理论和云模型理论等是当前最主要的 4 种粒计算方法。粗糙集理论在处理不确定问题时具有客观性、可解释性和可理解性等优点。但是,受限于模型的结构,粗糙集理论(包括经典的粗糙集理论和绝大部分扩展的粗糙集模型)在研究和处理动态变化的、增量式的、海量的数据时存在较大的不足,难以刻画数据的动态性质,更不能从整体上把握数据的变化;F-粗糙集是第一个完全动态的粗糙集模型,它将粗糙集从单个信息表中的单个上下近似对推广到多个信息表中的多个上下近似对,能够把握数据的局部和全局变化。F-粗糙集可以作为研究和处理数据流、概念漂移的有力工具。

文献[172,173]用粗糙集最基本的不确定性指标——上下近似来定义和探测概念漂移;文献[177]把决策子表看成滑动窗口,对多个滑动窗口进行并行约简,删除冗余属性,把不同滑动窗口之间的属性重要性差异作为概念漂移探测指标;文献[187]用 F-粗糙集思想研究了单个信息表内的概念漂移现象,从粗糙集、粒计算的角度提出了认识收敛等概念。但是这些文献仅仅研究了单个概念或少数几个概念的变化,还不能完全反映人类认识的复杂性和多样性,也不能从全局上把握知识系统(或信息系统)中的概念漂移现象。人类认识世界的方式极其复杂,我们猜测人类认识世界的方式也许是一个量子计算的过程,所以需要从全局和局部多方面把握人类思维的变化。不确定性分析是粗糙集理论最重要的研究方向。结构性指标如上下近似[17,39,40]，依赖性指标如属性依赖度、隶属度，信息熵指标如互信息、条件熵，扩展信息熵指标如粗糙熵、模糊熵等不确定性指标能够方便地描述数据的不确定性，并且具有强客观性、无需先验知识等优点。文献[188]对定量的不确定性指标进行了分析、比较。所有粗糙集模型中，上下近似是最基本的结构性不确定性度量指标。

经典的概念漂移现象是在数据流中由时间变化引起的，但现实的概念漂移或概念的变化不仅仅存在于数据流之中，也不仅仅是时间变化引起的，更多的是由空间或条件变化引发的。文献[187]扩展了概念漂移的定义和思想，研究了由空间或条件的变化而引发的概念漂移现象。基于文献[187]概念漂移的思想，融入量子计算的基本思想，运用粗糙集和 F- 粗糙集的基本方法，本章定义了知识系统（或信息表、决策表）内概念的全粒度度量和表示，揭示了知识系统（或信息表、决策表）内概念的整体变化和概念漂移现象。首先在知识系统内定义了单个概念的上下近似概念漂移。其次，结合量子计算的思想，定义了全粒度粗糙集，用粗糙集的思想和方法描述概念在知识系统内的全局表示方式，并分析其性质，指出了它们之间的偏序嵌套关系。第三，在决策表内定义了全粒度正区域、概念漂移、概念耦合等概念。据此，分析了全粒度正区域内的偏序嵌套关系和概念漂移、概念耦合。第四，定义了全粒度属性约简，包括全粒度绝对约简、全粒度值约简和全粒度Pawlak 约简，初步讨论了它们的性质。最后，讨论了全粒度粗糙集的认识论意义。

6.1　知识系统中的概念漂移

在文献[187]中，我们研究了信息表中的概念漂移。但是它仅仅表示了属性具有包含关系情况下的概念漂移。下面我们可以将文献[173,187]中概念漂移的相关定义进行改造并运用于知识系统中。

定义 6.1.1　设 $IS = (U,A)$ 是一个知识系统，$X \subseteq U$ 是其中的一个概念，$B_1 \subseteq A$ 和 $B_2 \subseteq A$ 是两个不同的知识（属性子集），则概念 $X \subseteq U$ 在不同的知识 $B_1 \subseteq A$ 和 $B_2 \subseteq A$ 表示下的上近似、下近似漂移分别被定义为：

$$\overline{\Delta}(B_1, B_2, X) = \{\overline{B_1}(X) - \overline{B_2}(X), \overline{B_2}(X) - \overline{B_1}(X)\} \qquad (6.1)$$

$$\underline{\Delta}(B_1, B_2, X) = \{\underline{B_1}(X) - \underline{B_2}(X), \underline{B_2}(X) - \underline{B_1}(X)\} \tag{6.2}$$

概念 $X \subseteq U$ 在知识 $B_1 \subseteq A$ 和 $B_2 \subseteq A$ 表示下的漂移分别被定义为 $(\underline{\Delta}(B_1, B_2, X), \overline{\Delta}(B_1, B_2, X))$。

其中，"—"为集合减法。

概念 $X \subseteq U$ 的上下近似漂移表明了概念 $X \subseteq U$ 在不同的知识 $B_1 \subseteq A$ 和 $B_2 \subseteq A$ 表示下的上下近似的变化，概念 $X \subseteq U$ 在知识 $B_1 \subseteq A$ 和 $B_2 \subseteq A$ 表示下的漂移则由概念 $X \subseteq U$ 的上下近似漂移的序偶来表示。

定义 6.1.2 概念 $X \subseteq U$ 在不同的知识 $B_1 \subseteq A$ 和 $B_2 \subseteq A$ 表示下的上近似、下近似漂移量分别被定义为（条件同定义 6.1.1）：

$$\overline{\delta}(B_1, B_2, X) = |\bigcup \overline{\Delta}(B_1, B_2, X)| \tag{6.3}$$

$$\underline{\delta}(B_1, B_2, X) = |\bigcup \underline{\Delta}(B_1, B_2, X)| \tag{6.4}$$

概念 $X \subseteq U$ 在不同的知识 $B_1 \subseteq A$ 和 $B_2 \subseteq A$ 表示下的上下近似漂移量是概念 $X \subseteq U$ 在知识 $B_1 \subseteq A$ 和 $B_2 \subseteq A$ 表示下的上下近似漂移并集的势，即概念 $X \subseteq U$ 在知识 $B_1 \subseteq A$ 和 $B_2 \subseteq A$ 表示下上下近似的对称差的势。概念 $X \subseteq U$ 在知识 $B_1 \subseteq A$ 和 $B_2 \subseteq A$ 表示下的上下近似漂移量反映了概念 $X \subseteq U$ 在不同表示下的变化量。

定义 6.1.3 知识系统 $IS = (U, A)$ 中，概念 $X \subseteq U$ 在不同的知识 $B_1 \subseteq A$ 和 $B_2 \subseteq A$ 表示下的上近似、下近似漂移度分别被定义为：

$$\overline{d}(B_1, B_2, X) = \frac{\overline{\delta}(B_1, B_2, X)}{|\overline{B_1}(X)| + |\overline{B_2}(X)|} \tag{6.5}$$

$$\underline{d}(B_1, B_2, X) = \frac{\underline{\delta}(B_1, B_2, X)}{|\underline{B_1}(X)| + |\underline{B_2}(X)|} \tag{6.6}$$

注：当 $|\underline{B_1}(X)| + |\underline{B_2}(X)| = 0$ 时，规定 $\underline{d}(B_1, B_2, X) = 0$。

定义 6.1.4 知识系统 $IS = (U, A)$ 中，概念 $X \subseteq U$ 在不同的知识 $B_1 \subseteq A$ 和 $B_2 \subseteq A$ 表示下的上近似、下近似耦合度分别定义为：

$$\overline{c}(B_1, B_2, X) = \frac{2|\overline{B_1}(X) \bigcap \overline{B_2}(X)|}{|\overline{B_1}(X)| + |\overline{B_2}(X)|} = 1 - \overline{d}(B_1, B_2, X) \tag{6.7}$$

$$\underline{c}(B_1, B_2, X) = \frac{2|\underline{B_1}(X) \bigcap \underline{B_2}(X)|}{|\underline{B_1}(X)| + |\underline{B_2}(X)|} = 1 - \underline{d}(B_1, B_2, X) \tag{6.8}$$

6.2 单个概念的全粒度粗糙集与概念漂移

不同的人、不同的时间、不同的地点对同一个概念的表达意义是不同的。本节我们以上下近似为工具研究概念在同一个知识系统中的各种可能变化，即以概念的全粒度粗糙集表示。下文规定 $U/\varnothing = \{U\}$，即当没有任何知识（条件属性或决策属性）时，所有个体是不可区分的。

定义 6.2.1 在知识系统 $IS = (U,A)$ 中，概念 $X \subseteq U$ 的全粒度上近似、全粒度下近似、全粒度边界域与全粒度负区域分别定义为：

$$\overline{EAPR}(IS,X) = \{\overline{B}(IS,X) : B \subseteq A\} \qquad (6.9)$$

$$\underline{EAPR}(IS,X) = \{\underline{B}(IS,X) : B \subseteq A\} \qquad (6.10)$$

$$EBN(IS,X) = \{BN(IS,B,X) : B \subseteq A\} \qquad (6.11)$$

$$ENEG(IS,X) = \{NEG(IS,B,X) : B \subseteq A\} \qquad (6.12)$$

全粒度上近似、下近似、边界域与负区域分别是知识系统 $IS = (U,A)$ 中概念 $X \subseteq U$ 相对于所有属性子集的上近似、下近似、边界域与负区域的集合。它们分别是概念 $X \subseteq U$ 在知识系统 $IS = (U,A)$ 中所有可能的上近似、下近似、边界域与负区域的集合，是概念 $X \subseteq U$ 在信息表中的所有可能的粗糙集表达方式，也是概念 $X \subseteq U$ 在知识系统 $IS = (U,A)$ 中所有可能变化的集合。序偶 $(\overline{EAPR}(IS,X), \underline{EAPR}(IS,X))$ 称为概念 $X \subseteq U$ 在知识系统 $IS = (U,A)$ 中的全粒度粗糙集。根据需要，全粒度粗糙集也可以表示为 $\{(\overline{B}(IS,X), \underline{B}(IS,X)) : B \subseteq A\}$。

例如，设知识系统 $IS = (U,A)$，其中，$A = \{a,b\}$，$X \subseteq U$ 是知识系统中的一个概念，则：

$$\overline{EAPR}(IS,A,X) = \{\overline{\varnothing}(X), \overline{\{a\}}(X), \overline{\{b\}}(X), \overline{A}(X)\}$$
$$= \{\overline{\varnothing}(X), \overline{\{a\}}(X), \overline{\{b\}}(X), \overline{A}(X)\}$$
$$\underline{EAPR}(IS,A,X) = \{\underline{\varnothing}(X), \underline{\{a\}}(X), \underline{\{b\}}(X), \underline{A}(X)\}$$
$$= \{\underline{\varnothing}(X), \underline{\{a\}}(X), \underline{\{b\}}(X), \underline{A}(X)\}$$

从图形的角度来看，上述案例也可以表示成如图 6.1、图 6.2 所示形式。

与其他粗糙集模型相比，全粒度粗糙集体现了粗糙集动静结合的思想。除 F- 粗糙集外，几乎所有的粗糙集模型从本质上来说都是静态的。虽然不少粗糙集模型被用于研究动态的、增量式的数据挖掘，但是它们往往把动态的、增量式的数据放入静态的模型当中，所以这些粗糙集模型在处理动态的、海量的数据时局限性大，显得力不从心。F- 粗糙集主要研究数据量的变化[66,67]，不涉及关系（或属性）的变化；全粒度粗糙集则主要研究关系（或属性）的全局与局部变化。全粒度粗糙集的静主要体现在它的上下近似、边界

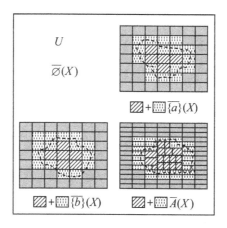

图 6.1　全粒度上近似 $\overline{EAPR}(IS, A, X)$

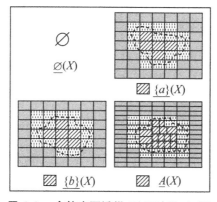

图 6.2　全粒度下近似 $\underline{EAPR}(IS, A, X)$

域都可以用一个集合的集合来表示；动主要体现在全粒度粗糙集内部，无论是全粒度上近似，还是全粒度下近似的内部都包含概念在不同情况下的所有上下近似，体现了一种粒度的变化以及概念表示的逼近过程。全粒度粗糙集定义了概念所有粒度层次上的上下近似，可以体现量子叠加和纠缠，具有一定的量子计算思想。全粒度粗糙集具有很强的表示能力，表示了概念在各种情况下的可能变化，能够进行并行计算，但其缺点是时间复杂性和空间复杂性高。在量子计算的条件下，量子比特具有超强的表达能力和并行计算能力，通过量子计算能够在叠加和纠缠中获得所需的上下近似，体现人类智能的复杂性、不确定性和多样性，也可以表示人类认识能自如地从一个粒度跳转到另一个粒度。

♣ 例 6.2.1　设 $DS = (U, A, d)$ 是决策表（表6.1）。a, b, c 是条件属性，

d 是决策属性。

表 6.1　决策表

U	a	b	c	d
y_1	0	1	0	0
y_2	1	1	0	1
y_3	1	1	0	1
y_4	0	1	0	0
y_5	1	2	0	0
y_6	1	2	0	1

令 $X = \{x : d(x) = 0, x \in U\}$，则可以得到：

$\overline{\varnothing}(X) = U$；$\overline{\{a\}}(X) = U$；$\overline{\{b\}}(X) = U$；$\overline{\{c\}}(X) = U$；$\overline{\{a,b\}}(X) = \{y_1, y_4, y_5, y_6\}$；$\overline{\{b,c\}}(X) = U$；$\overline{\{c,a\}}(X) = U$；$\overline{\{a,b,c\}}(X) = \{y_1, y_4, y_5, y_6\}$

于是可得：

$\overline{EAPR}(IS, X) = \{\overline{\varnothing}(X), \overline{\{a\}}(X), \overline{\{b\}}(X), \overline{\{c\}}(X), \overline{\{a,b\}}(X),$ $\overline{\{b,c\}}(X), \overline{\{c,a\}}(X), \overline{\{a,b,c\}}(X)\} = \{U, \{y_1, y_4, y_5, y_6\}\}$ $\underline{\varnothing}(X) = \varnothing$；$\underline{\{a\}}(X) = \{y_1, y_4\}$；$\underline{\{b\}}(X) = \varnothing$；$\underline{\{c\}}(X) = \varnothing$；$\underline{\{a,b\}}(X) = \{y_1, y_4\}$；$\underline{\{b,c\}}(X) = \varnothing$，$\underline{\{c,a\}}(X) = \{y_1, y_4\}$；$\underline{\{a,b,c\}}(X) = \{y_1, y_4\}$

于是可得：

$EAPR(IS, X) = \{\underline{\varnothing}(X), \underline{\{a\}}(X), \underline{\{b\}}(X), \underline{\{c\}}(X), \underline{\{a,b\}}(X),$ $\underline{\{b,c\}}(X), \underline{\{c,a\}}(X), \underline{\{a,b,c\}}(X)\} = \{\varnothing, \{y_1, y_4\}\}$

接下来将结合绝对约简、值约简、核属性、概念漂移等知识点，集中讨论全粒度粗糙集中的一些性质。

定理 6.2.1　设有知识系统 $X \subseteq U$，则概念 $X \subseteq U$ 的所有可能表达方式的个数为 2^A，所有可能的概念个数为 $2^{|U|}$（此处假设 $\varnothing \subseteq U$ 也是一个概念，将其称为空概念）。

证明　条件属性 A 在知识系统 $IS = (U, A)$ 中所以可能的组合方式的个数为 2^A（A 的幂集），而相对于每一种组合概念 $X \subseteq U$，都有一种表达形式，因此，在知识系统 $IS = (U, A)$ 中，概念 $X \subseteq U$ 可能的表达形式的个数为 $2^{|A|}$。同理可知，所有可能的概念个数为 $2^{|U|}$。证毕。

根据定理 6.2.1，在知识系统 $IS = (U, A)$ 中，所有可能的概念及其表

现形式有 $2^{|U|} \times 2^{|A|}$ 个。

推论 6.2.1　在决策系统 $DS = (U,A,d)$ 中,所有可能的概念及其表现形式有 $2^{|d|} \times 2^{|A|}$ 个。

定理 6.2.2　在一个知识系统 $IS = (U,A)$ 中,对于 $B_1 \subseteq B_2 \subseteq A$ 和 $X \subseteq U$,有 $\underline{B_1}(IS,X) \subseteq \underline{B_2}(IS,X) \subseteq \overline{B_2}(IS,X) \subseteq \overline{B_1}(IS,X)$。

推论 6.2.2　在一个知识系统中 $IS = (U,A)$ 中,对于 $B_1 \subseteq B_2 \subseteq A$ 和 $X \subseteq U$,有 $BN_{B_2}(X) \subseteq BN_{B_1}(X)$。

定理 6.2.3　在知识系统 $IS = (U,A)$ 中,$X \subseteq U$ 的全粒度上近似、下近似、边界域与负区域中的元素相对于关系“$\subseteq$”满足自反、反对称、传递,即 $(\underline{EAPR}(IS,X), \subseteq)$,$(\overline{EAPR}(IS,X), \subseteq)$,$(EBN(IS,X), \subseteq)$,$(ENEG(IS,X), \subseteq)$ 均为偏序集。

证明　因为 $\underline{EAPR}(IS,X)$,$\overline{EAPR}(IS,X)$,$EBN(IS,X)$,$ENEG(IS,X)$ 均为 2^U(U 的幂集)的子集,根据离散数学的知识,容易证明上述结论。

注:在 $\underline{EAPR}(IS,X)$,$\overline{EAPR}(IS,X)$,$EBN(IS,X)$,$ENEG(IS,X)$ 中,将相等元素看成一个或用一个作为代表。

因此,$(\underline{EAPR}(IS,X), \subseteq)$,$(\overline{EAPR}(IS,X), \subseteq)$,$(EBN(IS,X), \subseteq)$,$(ENEG(IS,X), \subseteq)$ 均可用哈斯图表示。

定理 6.2.4　在知识系统 $IS = (U,A)$ 中,对于概念 $X \subseteq U$,有:

(1) $\underline{A}(X) = \bigcup \underline{EAPR}(IS,X)$;

(2) $U = \bigcup \overline{EAPR}(IS,X)$。

证明　根据定理 6.2.2 证明定理 6.2.4 中式(1)。对于任意的 $B \subseteq A$,都有 $\underline{B}(X) \subseteq \underline{A}(X)$,所以有 $\bigcup \underline{EAPR}(IS,X) \subseteq \underline{A}(X)$;又因为 $\underline{A}(X) \in \underline{EAPR}(IS,X)$,所以有 $\underline{A}(X) \subseteq \bigcup \underline{EAPR}(IS,X)$;于是 $\underline{A}(X) = \bigcup \underline{EAPR}(IS,X)$。

类似地,我们可以证明定理 6.2.4 中式(2)。

定理 6.2.5　在知识系统 $IS = (U,A)$ 中,对于概念 $X \subseteq U$,$(\underline{EAPR}(IS,X), =)$,$(\overline{EAPR}(IS,X), =)$,$(EBN(IS,X), =)$,$(ENEG(IS,X), =)$ 均为等价关系。

证明　根据离散数学的知识可知,相等关系“$=$”为等价关系,将相等关系“$=$”运用于 $\underline{EAPR}(IS,X)$,$\overline{EAPR}(IS,X)$,$EBN(IS,X)$,$ENEG(IS,X)$ 上也是等价关系,所以 $(\underline{EAPR}(IS,X), =)$,$(\overline{EAPR}(IS,X), =)$,$(EBN(IS,X), =)$,$(ENEG(IS,X), =)$ 均为等价关系。

推论 6.2.3 在知识系统 $IS=(U,A)$ 中, 对于概念 $X\subseteq U$, $\underline{EAPR}(IS,X)/=,\overline{EAPR}(IS,X)/=,EBN(IS,X)/=,ENEG(IS,X)/$ $=$ 分别为 $\underline{EAPR}(IS,X),\overline{EAPR}(IS,X),EBN(IS,X)$ 和 $ENEG(IS,X)$ 对于相等关系的划分。

对于知识系统 $IS=(U,A)$ 中的概念 $X\subseteq U$, 在全粒度上近似、全粒度下近似、全粒度边界域、全粒度负区域中的等价类是同一个概念的不同表达方式, 并没有发生概念漂移; 而不同等价类中的表达方式发生了概念漂移。定理 6.2.1 表明了同一个概念在知识系统 $IS=(U,A)$ 中在不同的知识表示下可能的概念漂移。

注: 对于知识系统 $IS=(U,A)$ 中概念的 $X\subseteq U$, 在全粒度上近似等价类、全粒度下近似等价类、全粒度边界域等价类以及全粒度负区域等价类中的每个元素既相等, 又不相等。从值的角度看, 等价类中的每个元素都相等; 从来源的角度看, 等价类中的每个元素相互不相等。于是有如下定理。

定理 6.2.6 在知识系统 $IS=(U,A)$ 中, 对于概念 $X\subseteq U$ 和相等关系对全粒度下近似、全粒度上近似、全粒度边界域及全粒度负区域的划分 $\underline{EAPR}(IS,X)/=,\overline{EAPR}(IS,X)/=,EBN(IS,X)/=,ENEG(IS,X)/=,$同一个等价类中的概念 $X\subseteq U$ 的不同表示方式概念漂移度为 0, 不同的等价类中概念 $X\subseteq U$ 的不同表示方式概念漂移度大于 0。

定理 6.2.7 在知识系统 $IS=(U,A)$ 中, 对于概念 $X\subseteq U$ 和相等关系对全粒度下近似、全粒度上近似、全粒度边界域及全粒度负区域的划分 $\underline{EAPR}(IS,X)/=,\overline{EAPR}(IS,X)/=,EBN(IS,X)/=,ENEG(IS,X)/=,$在同一个等价类中, 每个元素的属性子集相对于关系 "$\subseteq$" 构成偏序关系。对于每个偏序集, 每个极小元素为相应的值约简。

证明 首先, 在每个等价类中, 所有元素相应的下近似、上近似、边界域或负区域都相等; 其次, 极小元素意味着没有比其更小的元素。因此, 满足值约简的定义, 即定理成立。

全粒度上近似、全粒度下近似、全粒度边界域、全粒度负区域中的元素对于关系 "$=$" 和 "$\subseteq$" 可以构成嵌套哈斯图。

▼**例 6.2.2** 续例 6.2.1, $\overline{EAPR}(IS,X)/=,\underline{EAPR}(IS,X)/=$ 分别

如下：

$$\overline{EAPR}(IS,X)/ = \{\{\overline{\varnothing}(X), \overline{\{a\}}(X), \overline{\{b\}}(X), \overline{\{c\}}(X), \overline{\{b,c\}}(X),$$
$$\overline{\{c,a\}}(X)\}, \{\overline{\{a,b\}}(X), \overline{\{a,b,c\}}(X)\}\}$$

$$\underline{EAPR}(IS,X)/ = \{\{\underline{\varnothing}(X), \underline{\{b\}}(X), \underline{\{c\}}(X), \underline{\{b,c\}}(X)\}\}, \{\underline{\{a\}}(X),$$
$$\underline{\{a,b\}}(X), \underline{\{c,a\}}(X), \underline{\{a,b,c\}}(X)\}\}$$

可用嵌套哈斯图(图 6.3、图 6.4)表示 $\overline{EAPR}(IS,X)/ \subseteq$ 与 $\overline{EAPR}(IS,X)/ =$ 内部，$\underline{EAPR}(IS,X)/ \subseteq$ 与 $\underline{EAPR}(IS,X)/ =$ 内部。

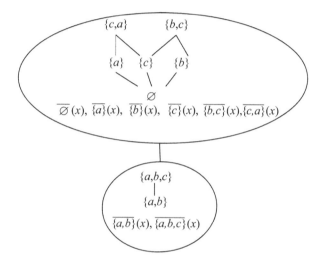

图 6.3　$(\overline{EAPR}(IS,X), \subseteq)$ 与 $\overline{EAPR}(IS,X)/ =$ 内部的嵌套哈斯图

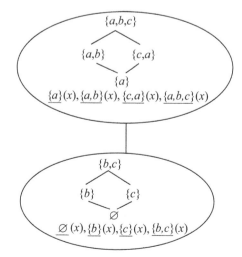

图 6.4　$(\underline{EAPR}(IS,X), \subseteq)$ 与 $\underline{EAPR}(IS,X)/ =$ 内部的嵌套哈斯图

$$\overline{\Delta}(\{b,c\},\{a,b\},X) = \{\{y_2,y_3\},\varnothing\}$$

$$\underline{\Delta}(\{b,c\},\{a,b\},X) = \{\varnothing,\{y_1,y_4\}\}$$

$$\overline{\delta}(\{b,c\},\{a,b\},X) = |\bigcup \overline{\Delta}(\{b,c\},\{a,b\},X)| = 2$$

$$\underline{\delta}(\{b,c\},\{a,b\},X) = |\bigcup \underline{\Delta}(\{b,c\},\{a,b\},X)| = 2$$

$$\overline{d}(\{b,c\},\{a,b\},X) = \frac{\overline{\delta}(\{b,c\},\{a,b\},X)}{|\overline{\{b,c\}}(X)| + |\overline{\{a,b\}}(X)|} = \frac{2}{6+4} = \frac{1}{5}$$

$$\underline{d}(\{b,c\},\{a,b\},X) = \frac{\underline{\delta}(\{b,c\},\{a,b\},X)}{|\underline{\{b,c\}}(X)| + |\underline{\{a,b\}}(X)|} = \frac{2}{0+2} = 1$$

$$\overline{c}(\{b,c\},\{a,b\},X) = 1 - \overline{d}(\{b,c\},\{a,b\},X) = \frac{4}{5}$$

$$\underline{c}(\{b,c\},\{a,b\},X) = 1 - \underline{d}(\{b,c\},\{a,b\},X) = 0$$

6.3 决策系统中的全粒度粗糙集与概念漂移

上述讨论是针对知识系统内单个概念的概念漂移、耦合等进行。对于整个决策表或信息表来说，这些指标具有很大的局限性。一个决策表或信息表中有多个概念，将多个概念放在一起讨论概念漂移、耦合及其度量是本节内容。

定义 6.3.1 设 $DS = (U,A,d)$ 是一个决策系统，则 DS 的全粒度正区域定义为：

$$EPOS(DS) = \{POS(DS,B,d) : B \subseteq A\} \qquad (6.13)$$

DS 的全粒度正区域 $EPOS(DS)$ 是所有条件属性子集正区域的集合。

定理 6.3.1 设 $DS = (U,A,d)$ 是一个决策系统，$B_1 \subseteq B_2 \subseteq A$，则有 $POS_{B_1}(d) \subseteq POS_{B_2}(d) \subseteq POS_A(d)$。

根据上述定理将文献[173,187]中的指标进行改造，我们得到下列概念漂移、概念耦合的度量指标。

定义 6.3.2 设 $DS = (U,A,d)$ 是一个决策系统，$B_1 \subseteq A$ 和 $B_2 \subseteq A$，则决策表中相对于 B_1,B_2 的概念漂移定义为：

$$\Delta(DS,B_1,B_2) = \{POS_{B_2}(d) - POS_{B_1}(d), POS_{B_1}(d) - POS_{B_2}(d)\}$$

$$(6.14)$$

定义 6.3.3 设 $DS = (U,A,d)$ 是一个决策系统，$B_1 \subseteq A$ 和 $B_2 \subseteq A$，

则决策表中相对于 B_1，B_2 的概念耦合度定义为：

$$c(DS, B_1, B_2) = \frac{2 \mid POS_{B_1}(d) \bigcap POS_{B_2}(d) \mid}{\mid POS_{B_1}(d) \mid + \mid POS_{B_2}(d) \mid} \tag{6.15}$$

定义 6.3.4　设 $DS = (U, A, d)$ 是一个决策系统，$B_1 \subseteq A$ 和 $B_2 \subseteq A$，则决策表中相对于 B_1、B_2 的概念漂移度定义为：

$$d(DS, B_1, B_2) = \frac{\mid \bigcup \Delta(DS, B_1, B_2) \mid}{\mid POS_{B_1}(d) \mid + \mid POS_{B_2}(d) \mid} = 1 - c(DS, B_1, B_2)$$

$$\tag{6.16}$$

注：当 $\mid POS_{B_1}(d) \mid + \mid POS_{B_2}(d) \mid = 0$，规定 $d(DS, B_1, B_2) = 0$。

定理 6.3.2　在决策系统 $DS = (U, A, d)$ 中，关系 $(EPOS(DS), \subseteq)$ 满足自反、反对称和传递，即关系 $(EPOS(DS), \subseteq)$ 是偏序关系。

证明　$EPOS(DS)$ 是幂集 2^U 的子集，根据离散数学的知识容易得到：关系 $(EPOS(DS), \subseteq)$ 满足自反、反对称和传递，即关系 $(EPOS(DS), \subseteq)$ 是偏序关系。

注：$EPOS(DS)$ 中正区域相等的元素既相等又不相等。从值的角度来说，正区域相等的元素完全相等；但从来源的角度来说，因为正区域相等的元素对应的属性子集不相等，所以又可认为它们不相等。

定理 6.3.3　在决策系统 $DS = (U, A, d)$ 中，关系 $(EPOS(DS), =)$ 是等价关系，对于 $EPOS(DS)/=$ 中的每一块，其相应的条件属性子集相对于关系"$\subseteq$"构成偏序关系，每个偏序关系的极小元为相应等价类的属性约简。

证明　首先，在每个等价类中，所有元素的值都相等，即正区域相等；其次，在每个等价类组成的偏序关系中的极小元素（属性子集）没有其他元素比它更小。所以，每个极小元素都为相应等价类的属性约简。

对于 $(EPOS(DS), \subseteq)$ 和 $EPOS(DS)/=$ 块内的属性子集而言，它们构成嵌套哈斯图，即关系 $(EPOS(DS), \subseteq)$ 构成一个哈斯图，$EPOS(DS)/=$ 块内的属性子集对于关系 $\subseteq$ 来说构成另一个哈斯图。

定理 6.3.4　在决策系统 $DS = (U, A, d)$ 中，对于 $EPOS(DS)/=$ 的等价类，块内的元素之间概念漂移度等于 0；块间元素之间的概念漂移度大于 0。

证明　根据相关定义，容易证明这个结论。

例 6.3.1 条件与例 6.2.1 同。

$POS_\varnothing(d)=\varnothing;POS_{\{a\}}(d)=\{y_1,y_4\};POS_{\{b\}}(d)=\varnothing;POS_{\{c\}}(d)=\varnothing;$
$POS_{\{a,b\}}(d)=\{y_1,y_2,y_3,y_4\};POS_{\{b,c\}}(d)=\varnothing;POS_{\{c,a\}}(d)=\{y_1,y_4\};POS_{\{a,b,c\}}(d)$
$=\{y_1,y_2,y_3,y_4\}$。于是可得:

$EPOS(DS)=\{POS_\varnothing(d),POS_{\{a\}}(d),POS_{\{b\}}(d),POS_{\{c\}}(d),POS_{\{a,b\}}(d),$
$POS_{\{b,c\}}(d),POS_{\{c,a\}}(d),POS_{\{a,b,c\}}(d)\}=\{\varnothing,\{y_1,y_4\},\{y_1,y_2,y_3,y_4\}\}$

$EPOS(DS)/=\{\{POS_\varnothing(d),POS_{\{b\}}(d),POS_{\{c\}}(d),POS_{\{b,c\}}(d)\},$
$\{POS_{\{a\}}(d),POS_{\{c,a\}}(d)\},\{POS_{\{a,b\}}(d),POS_{\{a,b,c\}}(d)\}\}$

$EPOS(DS)/=$ 内部与$(EPOS(DS),\subseteq)$的嵌套哈斯图如图 6.5 所示。

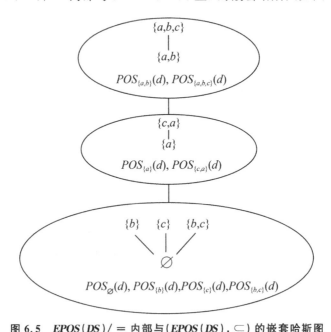

图 6.5 $EPOS(DS)/=$ 内部与$(EPOS(DS),\subseteq)$ 的嵌套哈斯图

$$\Delta(DS,\{a,b\},\{c,a\})=\{\{y_2,y_3\},\varnothing\}$$
$$d(DS,\{a,b\},\{c,a\})=\frac{|\bigcup\Delta(DS,\{a,b\},\{c,a\})|}{|POS_{\{a,b\}}(d)|+|POS_{\{c,a\}}(d)|}=\frac{2}{4+2}=\frac{1}{3}$$
$$c(DS,\{a,b\},\{c,a\})=1-d(DS,\{a,b\},\{c,a\})=\frac{2}{3}$$

6.4 认识论意义

粗糙集理论认为"知识就是分类"。每个人都具有自己的知识体系,但

是,在不同的情况下,人们掌握的信息不一样,有时候掌握的信息全面一些,有时候掌握的信息少些。无论哪种情况,我们都要根据自己的知识体系和所掌握的信息做出判断。全粒度粗糙集可以对应这种情况,知识系统就是我们所掌握的知识,属性子集就是我们所掌握的信息,我们总是根据我们掌握的知识和信息做出决策。通常情况下,成年人掌握的知识体系比较稳定,不太发生变化,但是接收的信息千变万化,所以做出的决策或选择会有很大的不同。

从认识论和全粒度粗糙集角度看,全粒度属性约简虽然不会导致全粒度粗糙集或全粒度正区域发生变化,不会改变分类或认识,但是冗余属性的存在使得认识或表达具有多样性、灵活性和可替换性,因为约简冗余属性之后,知识的表达非常单一、死板,而且不可替换。此外,我们在表达一个概念的时候,也许只是表示这个概念的某些意义,而不是这个概念的全部意义,所以同一个概念在不同的情况下由不同的人表示出来的意义会有一定的差异,接受概念的意义与表达概念的意义也有一定的差异,这就是概念漂移。

全粒度粗糙集也能够较好地表示这种情况。另外,我们可能用不同的方式表示同一个概念的同样意义,在全粒度粗糙集中的上下近似等价类可以描述这种情况。

与现有的粗糙集不一样,全粒度粗糙集表示了知识系统中概念的可能变化,非常具有灵活性,更能够表示和分析概念的不确定性与概念漂移。全粒度粗糙集可以从一个粒度自如地跳转到另一个粒度,与人类认识世界的方式相吻合。但是,全粒度粗糙集中的每一个概念都有 $2^{|A|}$ 种表现形式,在具体情况下如何快速地选择我们需要的一种形式,需要高效的算法或量子算法才能解决。所以,如何用高效的方式存储或表示全粒度粗糙集,并快速地找到我们需要的表达方式,将是我们进一步研究的内容。

6.5　小结与展望

大数据、数据流中存在不确定变化和概念漂移现象,但是除 F- 粗糙集外,几乎所有的粗糙集模型都是静态模型或半动态模型,专注于各种不确定性研究,难以处理不确定性变化,也难以探测概念漂移。且目前学术界对概念漂移的解决方法主要集中在“增量式更新”与“检查和再更新”两种方案。

前者存在一定的缺陷，也就是无法显性、明确地检测出概念漂移，且该方法会受到样本数量变化的影响，需要及时更新分类器，后者则是在前者的弊端之上进行了优化改良。

　　本章结合量子计算、数据流、概念漂移和粗糙集、F- 粗糙集的基本观点，以上下近似为工具，定义了知识系统中的全粒度粗糙集和上下近似概念漂移、上下近似概念耦合等概念，探讨了全粒度粗糙集的性质，分析了知识系统内概念的全局变化。全粒度粗糙集继承了 Pawlak 粗糙集和 F- 粗糙集的基本思想，以上下近似簇为工具表示了概念在知识系统内的各种可能变化。用嵌套哈斯图表示了概念不同情况下的同一性和差异性：同一层内的表示没有发生概念漂移，不同层内的表示发生了概念漂移。以正区域为工具，定义了决策表中的全粒度正区域和概念漂移、概念耦合等概念，探究了全粒度正区域的性质，分析了决策表内整体概念的全局变化；用全粒度正区域表示了决策表中各种可能情况下的正区域，用嵌套哈斯图表示了正区域簇的同一性和差异性：同一层内没有发生相对于正区域的概念漂移，不同层内发生了相对于正区域的概念漂移。在全粒度粗糙集意义下，定义了全粒度绝对约简、全粒度值约简、全粒度 Pawlak 约简等属性约简，并探讨其性质。与大部分的属性约简不同（仅与并行约简和多粒度约简类似），全粒度属性约简要求概念的所有可能表示不发生概念漂移。进一步探讨了属性约简的优缺点，属性约简使得概念的表示变得单一，冗余属性的存在增加了概念表示的丰富性、多样性。在认识论方面，以粗糙集和粒计算为工具分析了人类认识世界的局部性与全局性，对人类认识世界的方式进行了进一步探讨。全粒度粗糙集在一定意义下能够表示人类认识的复杂性、不确定性、多样性、层次性和动态性，在量子计算的帮助下能够从一个粒度跳转到另一个粒度并且毫无困难。全粒度粗糙集的研究为各种条件下的概念漂移探测和人类智能的模拟提供了有益的启示。

　　未来可以从以下几个方面进行深入探讨。

　　(1) 动态全粒度粗糙集模型：构建能自适应和识别概念漂移的模型框架，探索、设计能够动态更新近似空间的算法，以精确地反映知识系统的实时变化。

　　(2) 概念耦合与漂移的深度分析方法：细化上近似、下近似概念耦合的量化分析，开发新指标或度量方法，以评估知识系统中概念间相互作用的程度以及概念漂移的影响范围，为理解复杂系统中知识演化提供更细致的视角。

（3）集成学习与全粒度粗糙集的结合应用：研究如何将全粒度粗糙集的理论和方法融入集成学习框架，通过设计新的集成策略，结合多个分类器的决策，提高在概念漂移环境下的预测准确性和稳定性。

在全粒度粗糙集中运用更多的粒计算、粗糙集不确定性分析方法和指标，分析和度量数据流或知识系统中隐藏的不确定性，并将结果应用于集成分类器与人类智能的模拟。

第7章　F-模糊粗糙集理论

　　现实中,许多数据集中的都是动态、模糊和不确定性数据,增量式模糊粗糙数据处理在许多领域都有广泛的应用,特别是那些涉及动态、模糊和不确定性数据处理的场景。例如,在金融领域,证券交易、信用评分等数据往往是动态变化的,并带有一定的模糊性和不确定性;在医疗领域,病人的症状、体征等数据可能会随时间发生变化;在电商、社交媒体等领域,用户的行为和兴趣可能会随时间发生变化;在环境监测领域,传感器数据通常会随时间发生变化,并且受到多种因素的影响。

　　知识约简是粗糙集理论的核心内容之一。尤其是从增量式数据、海量数据或动态数据中挖掘出人们感兴趣的知识,是数据挖掘研究的一个热点,也是一个难点。粗糙集理论与应用的研究者也试图利用粗糙集理论的方法对增量式数据、海量数据或动态数据进行挖掘或约简,取得了较为丰富的研究成果[66,74—77,153,189]。其中,文献[66,77]中提出的 F- 粗糙集和并行约简算法,是经典粗糙集知识动态约简理论的一种有效算法。F- 粗糙集模型和并行约简将粗糙集、属性约简理论从单个决策表或单个信息表推广到多个,从整体和局部中抽象出事物的本质属性。

　　关于模糊粗糙集属性并行约简算法的研究相对于模糊粗糙集模型上下近似算子[54,111—113] 的研究及静态的属性约简[54,124—126,190,191] 的研究少。为此,本章在文献[17,54,66,77,94] 等的基础上,给出了模糊粗糙集属性重要性的定义及其相关概念,并且提出了 F-模糊粗糙集模型和基于 F-模糊粗糙集属性重要性的并行约简算法,并且通过实例验证了其有效性。

7.1　F- 粗糙集与模糊粗糙集的结合

针对增量式模糊数据属性约简问题,本节的研究内容是如何从整体和局部角度出发,客观地删除冗余模糊属性,得到合适属性约简。若仅仅把大量模糊数据存放在一个表中,并利用模糊粗糙集来处理属性约简问题,显然是不合理的。由于增量式模糊数据过多,有些甚至是无限的,这无疑会造成计算量过大或者就是一个 NP 问题了,且不同时间的数据之间存在着差异性,如果把这些数据存放到一个表中,那么将很可能会出现数据不一致的错误。而若将这些有可能不一致的数据进行处理后再进行属性约简,既忽略了客观存在的差异,也能很好地从局部对事物进行认知与决策。

F- 粗糙集是将传统粗糙集单表推广到多表,对应多表决策问题,不同决策者的知识可以存放到不同的子表中去,保存了允许存在于不同决策者之间的不一致知识,也与人类的客观思维模式相吻合。现实生活中,不同背景下的人或同一个人在不同时刻对同一客观事物的看法与理解会存在一定的差异,F- 粗糙集模型中的不同子表正好可以很好地反映这些局部差异。以 F- 粗糙集及并行约简为理论基础,并结合模糊粗糙集的属性重要性,我们提出基于 F- 粗糙集理论的模糊属性约简模型,从整体和局部认知、了解事物并做出合理的模糊属性约简处理。

7.1.1　F- 模糊粗糙集

在模糊子信息表 IS_i 中,设 E_{ij} 是属于 U_i/P 的模糊等价类,$U_i/P = GD(P \mid U_i) = \{E_{i1}, E_{i2}, \cdots, E_{ic_i}\}$ 表示论域 U_i 上的一个模糊划分($j = 1, 2, \cdots, c_i, c_i$ 是由 p 划分论域 U_i 所得模糊等价类的数目)。X 是 U_i 上的任意模糊集合,则可通过模糊条件集 $GD(P \mid U_i)$ 来近似 X,即用 $GD(P \mid U_i)$ 中的子集 E_{ij} 包含在 X 中的可能度与必然度描述 $GD(P \mid U_i)$ 对 X 的近似程度,这种描述称为在关系 P 的等价类 E_{ij} 对 X 的模糊粗糙上近似、下近似,分别定义为:

$$\mu_{\overline{PX}}(E_{ij}) = \sup_x \mu_{E_{ij} \cap X}(x) = \sup_x \min\{\mu_{E_{ij}}(x), \mu_X(x)\}$$

$$\mu_{\underline{PX}}(E_{ij}) = \inf_x \{1 - \mu_{E_{ij} \cup X}(x)\} = \inf_x \max\{1 - \mu_{E_{ij}}(x), \mu_X(x)\}$$

其中,$\mu_{E_{ij}}(x)$表示U中对象x包含在E_{ij}中的程度;$\mu_X(x)$表示x包含在X中的程度;$\mu_{PX}(E_{ij})$表示E_{ij}包含在X中的必然度,即E_{ij}必然包含在X中的程度;$j=1,2,\cdots,c_i$。

在关系P下通过子集E_{ij}描述X时,x必然包含在X中的程度$\mu_{\underline{PX}}(x^{E_{ij}})$定义为:

$$\mu_{\underline{PX}}(x^{E_{ij}}) = \mu_{E_{ij} \cap \underline{PX}} = \min\{\mu_{E_{ij}}(x), u_{\underline{PX}}(E_{ij})\} \tag{7.1}$$

即X的模糊粗糙下近似为$\mu_{\underline{PX}}(x) = \sup\limits_{E_{ij} \in U/P} \mu_{\underline{PX}}(x^{E_{ij}}) = \sup\limits_{E_{ij} \in U/P} \min(\mu_{E_{ij}}(x),$

$u_{\underline{PX}}(E_{ij}))$。结合$u_{\underline{PX}}(E_{ij})$的定义,模糊粗糙上近似、下近似可重新分别定义为:

$$\mu_{\overline{PX}}(x) = \inf\limits_{E_{ij} \in U/P} \max\{1 - \mu_{E_{ij}}(x), \sup\limits_{x \in U} \min\{\mu_{E_{ij}}(x), \mu_X(x)\}\} \tag{7.3}$$

$$\mu_{\underline{PX}}(x) = \sup\limits_{E_{ij} \in U/P} \min\{\mu_{E_{ij}}(x), \inf\limits_{x \in U} \max\{1 - \mu_{E_{ij}}(x), \mu_X(x)\}\} \tag{7.3}$$

$\mu_{\overline{PX}}(x)$和$\mu_{\underline{PX}}(x)$分别是模糊概念X在子表IS_i中的模糊粗糙上近似、下近似。我们定义在信息系统簇FIS中,X在关系P下的模糊粗糙上近似、下近似分别为:

$$\mu_{\overline{FISX}}(x) = \{\mu_{\overline{PX}|U_1}(x), \mu_{\overline{PX}|U_2}(x), \cdots, \mu_{\overline{PX}|U_n}(x)\} \tag{7.4}$$

$$\mu_{\underline{FISX}}(x) = \{\mu_{\underline{PX}|U_1}(x), \mu_{\underline{PX}|U_2}(x), \cdots, \mu_{\underline{PX}|U_n}(x)\} \tag{7.5}$$

序偶$(\overline{P}(FIS,X), \underline{P}(FIS,X))$称为F- 模糊粗糙集。

❖ **例7.1.1** 在模糊决策系统$DS = (U,A,d)$(表7.1)中,$U = \{1,2,\cdots,10\}$为论域,P_1,P_2,P_3为模糊条件属性,d为模糊决策属性。信息系统簇$FIS = \{IS_1, IS_2, IS_3\}$。$X$是一个模糊概念,$X = \{0,0.5,0.56,0.24,0.64,0.45,0.48,0.8,0,0.64\}$,下面分别计算在模糊等价关系$P_2$下,$X$在$DS$和$FIS$中的上下近似隶属度(即可能度和必然度)。

表7.1 模糊决策表

P_1	P_1	P_2	P_3	d
1	0.44	0.46	0.54	0.48
2	0.20	0.30	0.46	0.34
3	0.64	0.56	0.48	0.66
4	0.52	0.64	0.54	0.58
5	0.40	0.30	0.60	0.44
6	0.66	0.50	0.60	0.56

续　表

P_1	P_1	P_2	P_3	d
7	0.30	0.36	0.44	0.36
8	0.46	0.52	0.46	0.80
9	0.44	0.32	0.40	0.70
10	0.34	0.56	0.56	0.38

首先,计算在模糊决策系统 $DS = (U,A,d)$ 中,X 在关系 P_2 下的上下近似(即可能度和必然度,见表 7.2),并将所得结果与 X 的原隶属度作柱状图(图 7.1)进行比较。

表7.2　X 在 DS 中关于关系 P_2 的可能度、必然度

U	可能度	必然度
1	0.80	0.20
2	0.64	0.10
3	0.70	0.24
4	0.30	0.24
5	0.64	0.10
6	0.80	0.20
7	0.64	0.20
8	0.80	0.20
9	0.64	0.10
10	0.64	0.24

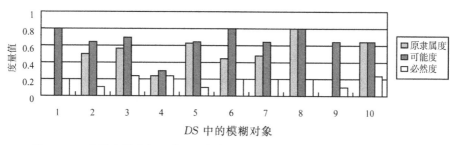

图 7.1　X 的原隶属度与 X 在 DS 中关于关系 P_2 的可能度、必然度之间的对比

其次,计算在信息系统簇 $FIS = \{IS_1, IS_2, IS_3\}$ 中,X 关于关系 P_2 的上下近似(即可能度和必然度)。其中,$IS_i = \{U_i, A, d\}(i = 1,2,3)$,$U_1 = \{1,$

$2,3,4,5\}, U_2 = \{6,7,8,9,10\}, U_3 = \{2,3,4,5,8,9,10\}$。

计算结果见表7.3～表7.5,并将各子表所得上下近似与原隶属度作柱状图(图7.2～图7.4)。由此我们可以在不同的层次上观察到关系 P_2 对模糊概念 X 的近似程度。

表 7.3 X 在 IS_1 中关于关系 P_2 的可能度、必然度

IS_1	1	2	3	4	5
可能度	0.56	0.64	0.56	0.30	0.64
必然度	0.20	0.50	0.24	0.24	0.50

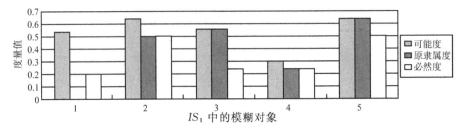

图 7.2 X 的原隶属度与 X 在 IS_1 中关于关系 P_2 的可能度、必然度之间的对比

表 7.4 X 在 IS_2 中关于关系 P_2 的可能度、必然度

IS_2	6	7	8	9	10
可能度	0.80	0.48	0.80	0.48	0.52
必然度	0.45	0.30	0.45	0.10	0.45

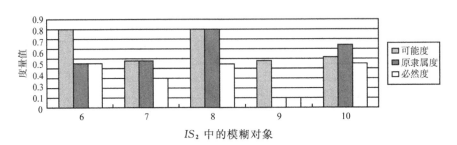

图 7.3 X 的原隶属度与 X 在 IS_2 中关于关系 P_2 的可能度、必然度之间的对比

表 7.5 X 在 IS_3 中关于关系 P_2 的可能度、必然度

IS_3	2	3	4	5	8	9	10
可能度	0.64	0.70	0.30	0.64	0.80	0.64	0.64
必然度	0.10	0.56	0.24	0.10	0.56	0.10	0.56

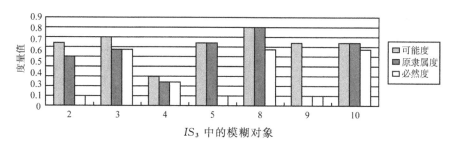

图 7.4　X 的原隶属度与 X 在 IS_3 中关于关系 P_2 的可能度、必然度之间的对比

以对象 3 为例,上近似隶属度 $\mu_{\overline{FX}}(3)=(0.56,0,0.7)$,下近似隶属度 $\mu_{\underline{FX}}(3)=(0.24,0,0.56)$。

最后,通过上述计算和图像的比对(还是以对象 3 为例)可知,当只在模糊决策表 DS 中,通过关系 P_2 对对象 3 在模糊概念 X 中的隶属度进行描述,上近似度 $\mu_{\overline{PX}}(x)=0.7$,下近似度 $\mu_{\underline{PX}}(x)=0.24$,则可看到这种情形下并不能很好地说明关系 P_2 对对象 3 在模糊概念 X 中的隶属度的近似。但是,在信息系统簇 $FIS=\{IS_1,IS_2,IS_3\}$ 下,通过 $\mu_{\overline{FISX}}(3)=(0.56,0,0.7)$ 和 $\mu_{\underline{FISX}}(3)=(0.24,0,0.56)$,以及观察图 7.2～图 7.4,可以更清楚地看到关系 P_2 对对象 3 在模糊概念 X 中的隶属度的近似的程度,因此,可以更好地评价关系 P_2 对模糊概念的近似度。

7.2　F- 模糊粗糙集的属性约简

定义 7.2.1　在 IS_i 中模糊条件属性集 P,d 为模糊决策属性 $U/d=\{q_j\mid j=1,2,\cdots,c_d\}$,则模糊等价类 q_j 上近似、下近似分别是:

$$\mu_{\overline{q_j}}(E)=\sup_x \min\{\mu_E(x),\mu_{q_j}(x)\} \tag{7.6}$$

$$\mu_{\underline{q_j}}(E)=\inf_x \max\{1-\mu_E(x),\mu_{q_j}(x)\} \tag{7.7}$$

其中,$E\in GD(P\mid U_i)$,$j=\{1,2,\cdots,c_j\}$,c_j 是由 d 划分论域 U 所得模糊等价类的数目。

定义 7.2.2　在 IS_i 中,条件属性的模糊等价类 E 的模糊正区域为:

$$\mu_{POS_P(d)}(E)=\sup_{q_j\in U/d}\mu_{\underline{q_j}}(E) \tag{7.8}$$

x 对模糊正区域的隶属度为：

$$\mu_{POS_{P}(d)}(x) = \sup_{x} \min\{\mu_E(x), \mu_{POS_{P}(d)}(E)\} \tag{7.9}$$

其中，$j = \{1,2,\cdots,c_j\}$，c_j 是由 d 划分论域 U 所得模糊等价类的数目，$E \in GD(P \mid U_i)$。

定义 7.2.3 在 $FIS = \{IS_i\}(i=1,2,\cdots,n)$ 中，决策属性对条件属性集 P 的依赖度为：

$$\gamma_P(d) = \frac{\sum\limits_{IS_i \in FIS} \mid \sum\limits_{x \in U_i} \mu_{POS_{P}(d)}(x) \mid}{\sum\limits_{i=1}^{n} \mid U_i \mid} \tag{7.10}$$

显然，$0 \leqslant \gamma_P(d) \leqslant 1$。

定义 7.2.4 给定一个决策子系统簇 F，$DT_i = (U_i,A,d) \in F(i=1,2,\cdots,n)$，定义 F 中属性 $a \in P$ 或 $a \in A-P$ 相对于 P 的重要性分别为：

$$\sigma(P,a) = \gamma(F,P,d) - \gamma(F,P-\{a\},d) \tag{7.11}$$

或

$$\sigma'(P,a) = \gamma(F,P \bigcup a,d) - \gamma(F,P,d) \tag{7.12}$$

定义 7.2.4 是对模糊决策系统中属性重要性定义的扩展，如果 F 中只含有一个元素，那么 F- 属性重要性就为该决策系统的 F- 模糊属性重要性。F- 模糊粗糙集的属性重要性有下列性质。

命题 7.2.1 给定一个模糊决策子系统簇 F，$a \in A$，若 $\sigma(A,a) > 0$，则属性 a 为 F- 模糊并行约简的核属性。

当然通常情况下，$\sigma(A,a)$ 大于某个指定的阈值 $\delta(0 \leqslant \delta < 1)$，属性 a 才被认为是核属性。

命题 7.2.2 给定一个模糊决策子系统簇 F，$a \in P \subseteq A$，若 $\sigma(P,a) \leqslant \xi$ 或 $\sigma'(P,a) \leqslant \xi$，则表明若属性 a 被约简，F 所有模糊决策子系统都能保持模糊条件属性对模糊决策属性的近似程度不变。[$\xi \geqslant 0$ 为给定的阈值，因本节的讨论范围是在模糊粗糙集中，有一定的模糊性，故不能绝对地要求 $\sigma'(P,a) = 0$。] 因此，属性 a 可以被约简。

7.2.1 基于 F- 属性重要性的模糊并行约简

并行约简是在若干个信息子系统或决策子系统中寻找稳定的、泛化能力强的条件属性约简，以适应增量式数据、海量数据或动态数据。根据 F- 属性重要性,有如下选择模糊粗糙集属性的算法。该算法借鉴了文献[54,77]算法的思想,根据属性的重要性来分层识别相关属性,最后可得到一个属性的模糊并行约简。用约简后的属性集构建粒度,在该粒度层次上进行各种推理运算,性价比最高。

基于 F- 模糊属性重要性的模糊并行约简算法(F-PRAS)的基本思想为:通过计算模糊决策子系统簇 F 中各模糊属性的 F- 属性重要性,找到 F- 模糊并行约简的属性核,再通过计算余下的模糊属性的 F- 属性重要性,找到模糊并行约简中的其他属性。

算法 7.2.1　F-PRAS

输入:$F \subseteq P(DS)$。

输出:F 的一个模糊并行约简。

第 1 步:$P = \varnothing$。

第 2 步:对于任意 $a \in A$,如果 $\sigma(A,a) > 0$,那么 $P = P \bigcup \{a\}$。

第 3 步:$M = A - a$。

第 4 步:重复进行如下步骤,直到 $M = \varnothing$。

(1) 对任意 $a \in M$,计算 $\sigma'(P,a)$; $//\sigma'(P,a) = \gamma(F,P \bigcup a,d) - \gamma(F,P,d)$;

(2) 对任意 $a \in M$,如果 $\sigma'(P,a) \leqslant \xi$; $//1 > \xi \geqslant 0$ 为给定的阈值[因在模糊粗糙集中,一般不要求 $\sigma'(P,a) = 0$,常取 $\xi = 0.05$],那么 $M = M - \{a\}$;

(3) 选择 F- 模糊属性重要性非 0 且最大的元素 $a \in E$,$P = P \bigcup \{a\}$,$M = M - \{a\}$(添加属性集 M 中 F- 模糊属性重要性非 0 且最大的属性到并行约简 P 中)。

第 5 步:输出模糊并行约简 P。

显然,算法 7.2.1 主要是从整体和局部两方面来构成一个树结构的组合搜索过程。首先,从局部子表上计算出决策属性对条件属性的依赖度。其次,在整体视角下,计算出决策属性对条件属性的依赖度和条件属性的重要性。最后,得到原属性集的一个模糊并行约简,可以看到这个约简是在局部和整体、微观和宏观均考虑到的前提下,很好地体现了原属性集的特性。下面以一个实例来进一步说明并行约简算法。

❖**例 7.2.1**　在模糊决策系统 $DS = (U,A,d)$(表 7.1)中,$U = \{1, 2, \cdots, 10\}$ 为论域,P_1,P_2,P_3 为模糊条件属性,d 为模糊决策属性。$F = \{DS_i\}(i = 1,2)$ 是 DS 的模糊决策子系统;$FIS = \{IS_i\}(i = 1,2)$ 是与 F 相

对应的决策系统簇(表 7.6、表 7.7)。

表 7.6   决策子系统 IS_1

U_1	P_1	P_2	P_3	d
1	0.44	0.46	0.54	0.48
2	0.20	0.30	0.46	0.34
3	0.64	0.56	0.48	0.66
4	0.52	0.64	0.54	0.58
5	0.40	0.30	0.60	0.44

表 7.7   决策子系统 IS_2

U_2	P_1	P_2	P_3	d
6	0.66	0.50	0.60	0.56
7	0.30	0.36	0.44	0.36
8	0.46	0.52	0.46	0.80
9	0.44	0.32	0.40	0.70
10	0.34	0.56	0.56	0.38

根据相似函数,可计算出论域中各对象对模糊等价类的隶属度(表 7.8、表 7.9)。

表 7.8   在 IS_1 中各对象对模糊等价类的隶属度

U_1	P_1			P_2			P_3			d	
	N_{11}	N_{12}	N_{13}	N_{21}	N_{22}	N_{23}	N_{31}	N_{32}	F_{11}	F_{12}	F_{13}
1	0.3	0.7	0	0.2	0.8	0	0.3	0.7	0.1	0.9	0
2	1.0	0	0	1.0	0	0	0.7	0.3	0.8	0.2	0
3	0	0.3	0.7	0	0.7	0.3	0.6	0.4	0	0.2	0.8
4	0	0.9	0.1	0	0	1.0	0.3	0.7	0	0.6	0.4
5	0.5	0.5	0	1.0	0	0	0	1.0	0.3	0.7	0

表 7.9 在 IS_2 中各对象对模糊等价类的隶属度

U_2	P_1			P_2			P_3		d		
	N_{11}	N_{12}	N_{13}	N_{21}	N_{22}	N_{23}	N_{31}	N_{32}	F_{11}	F_{12}	F_{13}
6	0	0.2	0.8	0	1.0	0	0	1.0	0	0.7	0.3
7	1.0	0	0	0.7	0.3	0	0.2	0.8	0.7	0.3	0
8	0.2	0.8	0	0	0.9	0.1	0.7	0.3	0	0	1.0
9	0.3	0.7	0	0.9	0.1	0	1.0	0	0	0	1.0
10	0.8	0.2	0	0	0.7	0.3	0.2	0.8	0.6	0.4	0

这里我们计算在子系统 IS_1、IS_2 中各对象对模糊正区域的隶属度,结果见表7.10。

表 7.10 在 IS_1、IS_2 中各对象对模糊正区域的隶属度

IS_1	1	2	3	4	5	$H_1(P)$
P_1	0.3	0.3	0.6	0.3	0.3	1.8
P_2	0.6	0.5	0.7	0.6	0.5	2.9
P_3	0.6	0.4	0.4	0.6	0.6	2.6
IS_2	6	7	8	9	10	$H_2(P)$
P_1	0.3	0.3	0.3	0.3	0.3	1.5
P_2	0.7	0.6	0.8	0.7	0.6	3.4
P_3	0.3	0.3	0.7	0.8	0.3	2.4

可以得出在模糊并行约简算法下决策属性对条件属性的依赖度为:

$$\gamma_{P_1}(d) = \frac{\sum\limits_{IS_i \in FIS} |\sum\limits_{x \in U_i} \mu_{POS_{P_1}(d)}(x)|}{\sum\limits_{i=1}^{2} |U_i|} = 0.33$$

同样可得:

$$\gamma_{P_2}(d) = 0.63, \gamma_{P_3}(d) = 0.50; \gamma_{\{P_2,P_3\}}(d) = \frac{\sum\limits_{IS_i \in FIS} |\sum\limits_{x \in U_i} \mu_{POS_{\{P_2,P_3\}}(d)}(x)|}{\sum\limits_{i=1}^{2} |U_i|}$$

$$= 0.70; \gamma_{\{P_1,P_2\}}(d) = 0.64; \gamma_{\{P_1,P_3\}}(d) = 0.52; r_A(d) = 0.62$$

通过上述计算得到各属性的依赖度后,继而可以得到属性的重要性。下面就先计算各属性的依赖度,然后应用基于 F- 模糊属性重要性的模糊并行

约简算法的思想来求得本例题的属性约简。

首先，令 $P = \varnothing$，然后通过计算 $\sigma(A, P_1) = \gamma(A, d) - \gamma(A - \{P_1\} = -0.08 < 0$，同理可得到 $\sigma(A, P_2) = 0.10 > 0$，$\sigma(A, P_3) = -0.01 < 0$。

由此得到属性集 A 的核属性为 P_2，则 $P = P \bigcup P_2 = P_2$，$M = A - \{P_2\} = \{P_1, P_3\}$。

故可以求出：$\sigma'(P_2, P_3) = \gamma(F, P_2 \bigcup P_3, d) - \gamma(F, P_2, d) = 0.07 > \xi = 0.05$，$\sigma'(P_2, P_1) = \gamma(F, P_2 \bigcup P_1, d) - \gamma(F, P_2, d) = 0.01 < \xi = 0.05$。

于是得：$M = M - \{P_1\} = \{P_3\}$。

进一步得：$P = P \bigcup \{P_3\} = \{P_2, P_3\}$，则 $M = M - \{P_3\} = \varnothing$，即算法 7.2.1 结束。通过 F-模糊属性重要性的模糊并行约简算法得到了例7.2.1的属性约简 $P = \{P_2, P_3\}$。

7.3　小结与展望

本章将 F- 粗糙集模型和模糊粗糙集思想结合在一起，提出了基于 F- 粗糙集的模糊并行约简模型，首先改写了模糊粗糙集的上下近似的定义；然后，在此基础上，给出模糊粗糙集的属性重要性定义，并且提出了一种基于 F- 模糊属性重要性的模糊知识并行约简的启发式算法。它是对增量式、海量模糊数据分析的一种强有力的理论工具。在现实生活中，如网商热点推荐、网购数据处理等模糊数据的处理问题都可以利用此模型进行分析决策，它有较高的应用价值。

但本章研究也存在以下两方面的不足：① 高维属性的模糊并行约简的研究。实际应用中，模糊决策模型有时是高维属性的，如何对高维属性的模糊决策模型进行并行约简是接下来的一个研究方向。② 在基于 F- 粗糙集的模糊并行约简中，高维阈值较适合实际的具体取值区间研究。模型中，我们对正区域、负区域、边界域、约简算法进行了定义，但未能给出较合适的阈值取值区间。取值范围需要进一步通过实验来确定。

针对以上两方面的不足，可以通过研究高维数据的特性及其对模糊决策模型的影响，探索适用于高维数据的并行约简算法，并考虑利用降维技术、分布式计算等。对于确定基于 F- 粗糙集的模糊并行约简中高维阈值较适合实际应用的具体取值区间，可以通过设计多个实验，使用不同的阈值取值范围,观察其对约简结果和分类性能的影响,选择具有代表性的高维数据集进行实验,确保实验结果的普适性;对实验结果进行分析,找出最佳的阈值取值区间;尝试从理论上解释为什么该阈值取值区间较适合实际应用。

第8章 基于 F- 粗糙集中概念漂移的研究

概念漂移相关的研究有很多。例如,文献[172]利用粗糙集的上下近似探测概念漂移,并利用粗糙率来度量概念漂移;文献[173]运用 F- 粗糙集方法提出了概念漂移的 8 个度量指标;文献[177]将并行约简的思想用到了概念漂移的探测中,强调先约简后探测,减少了工作量。这些研究的对象都是离散型的数据,并不可以直接处理现实生活中普遍存在的连续的海量的数据流以及探测该数据流中存在的概念漂移现象。

Pawlak 粗糙集是一种处理不相容、不精确或不完全数据的强有力的数学工具,却不能够直接对连续的海量的数据进行处理。Zadeh 提出的模糊集可以处理连续型数据,却不能够直接处理海量的连续型数据。Dubois 提出的模糊粗糙集也存在不能直接处理海量数据的缺陷。文献[66,67]中提出的 F- 粗糙集可以处理海量的数据,却不能直接处理连续型数据。文献[192]提出了 F- 模糊粗糙集以及并行约简的方法可以直接处理海量的连续型数据。

综上所述,我们将 F- 模糊粗糙集理论和并行约简思想应用到概念漂移中,利用模糊粗糙集和 F- 粗糙集的基本原理、基本方法,提出了一种对模糊型数据流进行模糊并行约简、删除冗余属性的方法,并运用模糊并行约简中属性重要性的变化探测模糊概念漂移现象。有别于传统方法,该方法利用模糊数据的内部本质特性对模糊概念漂移进行探测,并且通过实例验证其探测模糊概念漂移的可行性和有效性。该方法应该能直接处理海量的连续型数据及其概念漂移现象,同样能减少工作量。

8.1　模糊概念漂移探测

在 F- 模糊粗糙集[192]中决策子系统簇 F 中的元素可以是大数据中的一部分,也可以是模糊数据流中的一部分或一个滑动窗口。本节假设模糊决策子系统簇 F 中的元素是数据流中的一部分,每一个子表可以看作一个滑动窗口。在探测模糊概念漂移之前,先用模糊并行约简算法删除对分类不起作用的冗余模糊属性,以减少计算量,并探测真正使模糊概念发生漂移的属性之变化。

概念漂移的探测大致分为两步。第 1 步:求一个与概念漂移相关的数值。该数值可以作为衡量概念漂移的指标,在这里称其为基于模糊粗糙集的概念漂移量(简称模糊概念漂移量)。第 2 步:将其与一个阈值进行比较,以判断其是否发生了概念漂移。

研究基于模糊粗糙集的概念漂移所涉及的属性较多,需要删除对研究不起作用的冗余属性。通过对每一张子表的属性进行并行约简,可以删去冗余属性,达到节约精力排除干扰的目的。为了便于将对应属性进行比较,本节首先给出模糊属性重要性的矩阵的定义。

定义 8.1.1　$DS = (U, A, d)$ 是一个模糊数据流决策系统,$P(DS)$ 是 DS 的幂集,$F \subseteq P(DS)$ 是数据流 $DS = (U, A, d)$ 的若干个滑动窗口的集合,$P \subseteq A$ 是 F 的模糊并行约简,模糊并行约简 $P \subseteq A$ 关于 F 的属性重要性矩阵定义为:

$$T(B, F) = \begin{bmatrix} \sigma_{11} & \sigma_{12} & \cdots & \sigma_{1m} \\ \sigma_{21} & \sigma_{22} & \cdots & \sigma_{2m} \\ \vdots & \vdots & \ddots & \vdots \\ \sigma_{n1} & \sigma_{n2} & \cdots & \sigma_{nm} \end{bmatrix} \tag{8.1}$$

其中,$\sigma_{ij} = \gamma_i(P, d) - \gamma(P - \{a_j\}, d), a_j \in P, DT_i = (U_i, A, d) \in F$,

$$\gamma_{i,P}(d) = \frac{\left| \sum_{x \in U_i} \mu_{POS_P(d)}(x) \right|}{|U_i|}$$,n 表示 F 中子决策子表的数目,m 表示 P 中的模糊条件属性的数目。

✿例 8.1.1　给定一个模糊决策系统 $DS = (U, A, d)$(表 8.1),其中,

$U = \{1, 2, \cdots, 10\}$ 表示论域，P_1, P_2, P_3 表示模糊条件属性，d 表示模糊决策属性。$F = \{DS_i\}(i = 1, 2)$ 表示该模糊决策系统 DS 的模糊决策子系统(表8.1)；$FIS = \{IS_i\}(i = 1, 2)$ 表示与 F 相对应的模糊决策系统簇(表8.2、表8.3)。

表 8.1　模糊决策表 DS

U	P_1	P_2	P_3	d
1	0.44	0.46	0.54	0.48
2	0.20	0.3	0.46	0.34
3	0.64	0.56	0.48	0.66
4	0.52	0.64	0.54	0.58
5	0.40	0.30	0.60	0.44
6	0.66	0.50	0.60	0.56
7	0.30	0.36	0.44	0.36
8	0.46	0.52	0.46	0.80
9	0.44	0.32	0.40	0.70
10	0.34	0.56	0.56	0.38

表 8.2　决策子系统 IS_1

U_1	P_1	P_2	P_3	d
1	0.44	0.46	0.54	0.48
2	0.20	0.30	0.46	0.34
3	0.64	0.56	0.48	0.66
4	0.52	0.64	0.54	0.58
5	0.40	0.30	0.60	0.44

表 8.3　决策子系统 IS_2

U_2	P_1	P_2	P_3	d
6	0.66	0.50	0.60	0.56
7	0.30	0.36	0.44	0.36
8	0.46	0.52	0.46	0.80
9	0.44	0.32	0.40	0.70
10	0.34	0.56	0.56	0.38

首先调用模糊并行约简算法[192]，可以计算出 F 的模糊并行约简为 $P = \{P_2, P_3\}$（表 8.4）。

表 8.4　子系统 IS_1、IS_2 中对象关于模糊正区域的隶属度

隶属度	P_1	P_2	P_3	$P_1 P_2$	$P_1 P_3$	$P_2 P_3$	$P_1 P_2 P_3$
$H_1(P) \mid IS_1$	1.8	2.9	2.2	2.9	2.4	3.2	2.7
$H_2(P) \mid IS_2$	1.5	3.4	2.8	3.5	2.8	3.8	3.5

然后，根据定义 8.1.1，可以计算出模糊属性重要性矩阵 $\boldsymbol{T}(A, F)$ 与 $\boldsymbol{T}(P, F)$。

$$\boldsymbol{T}(A, F) = \left\{ \begin{matrix} \sigma_{11} & \sigma_{12} & \sigma_{13} \\ \sigma_{21} & \sigma_{22} & \sigma_{23} \end{matrix} \right\} = \left\{ \begin{matrix} -0.1 & 0.06 & -0.04 \\ -0.06 & 0.14 & 0.00 \end{matrix} \right\}$$

$$\boldsymbol{T}(P, F) = \left\{ \begin{matrix} \sigma_{11} & \sigma_{12} \\ \sigma_{21} & \sigma_{22} \end{matrix} \right\} = \left\{ \begin{matrix} 0.20 & 0.06 \\ 0.20 & 0.10 \end{matrix} \right\}$$

运用粗糙集理论对概念漂移进行度量的指标[172,173]往往依赖于上下近似，这种度量不太适合大小不一致的滑动窗口。文献[177]的并行约简算法不适合检测模糊型数据流的模糊概念漂移问题。下面我们运用属性重要性的变化，即基于模糊粗糙集的概念漂移量对模糊概念漂移进行度量。该概念漂移量独立于上下近似的变化，也独立于滑动窗口的大小，其定义如下。

定义 8.1.2　模糊数据流决策子表簇 $F \subseteq P(DS)$ 中，$P \subseteq A$ 为模糊并行约简，两个滑动窗口 $DT_i, DT_k \in F$ 相对于属性 $b \in P \subseteq A$ 的概念漂移量定义为：

$$FPRCD_b(DT_k, DT_i) = \mid \sigma_{kj} - \sigma_{ij} \mid \tag{8.2}$$

其中，j 为属性 $b \in P \subseteq A$ 在 $\boldsymbol{T}(P, F)$ 中所对应的列。

定义 8.1.3　模糊数据流决策子表簇 $F \subseteq P(DS)$ 中，$P \subseteq A$ 为模糊并行约简，$DT_i, DT_k \in F$，基于模糊并行约简 $P \subseteq A$ 的模糊概念漂移量定义为：

$$FPRCD_P(DT_k, DT_i) = \frac{1}{|P|} \sum_{j=1}^{|P|} \mid \sigma_{kj} - \sigma_{ij} \mid \tag{8.3}$$

定理 8.1.1　模糊概念漂移量 $FPRCD_b(DT_k, DT_i)$，$FPRCD_p(DT_k, DT_i)$ 对称，非负，满足三角不等式。

证明　由定义 8.1.3 及绝对值的性质可知，该定理成立。

定理 8.1.2　模糊数据流决策子表簇 $F \subseteq P(DS)$ 中，$DT_i, DT_k \in F$，

$P \subseteq A$ 为模糊并行约简,则 $T(P,F)$ 中相邻两行里对应的属性重要性变化的元素的数目大于等于 $T(A,F)$ 中相邻两行里对应的属性重要性变化的元素的数目。

证明 在 $T(A,F)$ 中,除了核属性的属性重要性大于模糊并行约简的阈值外,其余元素属性重要性均小于这个阈值,所以 $T(A,F)$ 属性重要性的变化只是在核属性中。而 $T(B,F)$ 中除了核属性外,还可能存在属性重要性大于阈值的非核属性,所以 $T(B,F)$ 中是相邻两行对应属性重要性变化的元素个数大于等于 $T(A,F)$ 中相邻两行对应属性重要性变化的元素个数。

定理 8.1.2 说明了冗余属性的存在干扰了概念漂移的检测,在删除了一些冗余属性后,模糊概念漂移更明显。

基于 F- 模糊属性重要性的概念漂移探测算法如下。

算法 8.1.1 基于 F- 模糊属性重要性的概念漂移探测算法

输入:模糊数据流 $F \subseteq P(DS)$,阈值 δ。

输出:模糊数据流 $F \subseteq P(DS)$ 有没有发生概念漂移。

第 1 步:调用算法 7.2.1,求出 F 的模糊并行约简 $P \subseteq A$。

第 2 步:计算约简后的 F 中的各个模糊属性重要性,生成模糊属性重要性矩阵 $T(P,F)$。

第 3 步:计算相邻两行之间任意模糊属性重要性的差异 $FPRCD_b(DT_k, DT_i)$,并算出 $FPRCD_P(DT_k, DT_i)$。

第 4 步:将模糊概念漂移值 $FPRCD_b(DT_k, DT_i)$,$FPRCD_p(DT_k, DT_i)$ 和给定的阈值 δ 进行比较,从而判定有没有发生概念漂移。

❖ **例 8.1.2** 根据例 8.1.1,可以得到模糊属性重要性矩阵 $T(A,F)$ 与 $T(P,F)$。

$$T(A,F) = \begin{Bmatrix} \sigma_{11} & \sigma_{12} & \sigma_{13} \\ \sigma_{21} & \sigma_{22} & \sigma_{23} \end{Bmatrix} = \begin{Bmatrix} -0.10 & 0.06 & -0.04 \\ -0.06 & 0.14 & 0 \end{Bmatrix}$$

$$T(P,F) = \begin{Bmatrix} \sigma_{11} & \sigma_{12} \\ \sigma_{21} & \sigma_{22} \end{Bmatrix} = \begin{Bmatrix} 0.20 & 0.06 \\ 0.20 & 0.10 \end{Bmatrix}$$

根据定义 8.1.2 和定义 8.1.3,可以计算出 DT_1 与 DT_2 之间的概念漂移。

$$FPRCD_{p_2}(DT_2, DT_1) = |\ 0.20 - 0.20\ | = 0$$

$$FPRCD_{p_3}(DT_2, DT_1) = |\ 0.06 - 0.10\ | = 0.04$$

$$FPRCD_p(DT_2, DT_1) = \frac{1}{m} \sum_{j=1}^{m} | \sigma_{2,j} - \sigma_{1,j} |$$

$$= \frac{1}{2}(| 0.20 - 0.20 | + | 0.06 - 0.10 |) = 0.02$$

因为条件属性 P_1 对分类不起作用,是冗余的属性,将其删除之后,对分类起作用的属性 P_2, P_3 的概念漂移就彰显出来了。如果取 $\delta = 0.01$,那么 P_3 相对于单个属性 P_2 及整个并行约简 P,均具有概念漂移;如果取 $\delta = 0.05$,那么 P_3 相对于单个属性 P_2 及并行约简 P,都不具有概念漂移。实际的数据流中,在滑动窗口一般情况下是多个的情况下,也可以类似地求出两个相邻窗口之间的基于模糊并行约简的概念漂移量。

由上面的例子可以看出阈值的选取对探测概念漂移的影响重大。如果阈值选取得过大,则会将一些明明发生了概念漂移的属性误判为没有发生概念漂移;反之,若阈值选取得过小,则会将一些没有发生概念漂移的属性误判为发生了概念漂移。后期需要通过实验来寻找较适合的阈值取值区间。

8.2　小结与展望

传统的概念漂移探测方法不能探测模糊数据流中模糊概念漂移,并且其主要利用分类准确率的变化对概念漂移现象进行探测。本章提出了一种基于模糊并行约简的概念漂移探测方法。该方法利用模糊数据的内部特性及模糊并行约简后的属性重要性的变化探测模糊概念漂移现象。

下一步的工作是研究模糊并行约简探测模糊概念漂移中阈值的最佳取值,以及具体运用模糊并行约简构建分类器,与传统的概念漂移方法进行深入的分析比较。

第9章　基于F-粗糙集的异构信息网络中节点相似性搜索并行算法研究

　　异构信息网络[193—196]是一种把顶点与类型标签相连的数据图,用于刻画不同类型对象间的复杂限制语义,可以用不同类型的实体、实体间联系表达出多元化、互动性高的信息。在数据类型日益多元化的今日,相比于顶点类型、顶点间的联系都是单一类型的数据图,异构信息网络具有更强的信息表达能力,因而在推荐系统中得到广泛应用。在面向异构信息网的应用中,元路径下信息网节点间的相似性度量具有特殊的意义。它是推荐系统、信息检索和连接关系预测等研究的理论基础。例如,在推荐系统中,可以计算元路径下不同实体之间的相似性,从而找到相似的实体进行推荐,在社交网络中就可以通过定义元路径"用户 — 关注 — 用户"来计算用户之间的关注关系,进而找到相似的用户进行好友推荐。

　　随着互联网产业和现实业务的不断发展与融合,网络数据量日益增长,网络的规模和形态随时间的推移发生着显著的变化,异构信息网络作为推荐系统中解决信息过载的传统手段,也面临着信息产业变革带来的巨大挑战。当下对动态异构网络的研究也取得一些不错成绩。例如,赵泽亚等将网络中路径上的时间信息融入结构路径中,实现了时序关系预测[197];陈湘涛等提出了基于建立时间的不同,计算其时间差异性,在此基础上针对给定的元路径,获得异构信息网中动态相似性的度量[198];吴钦臣提出了一种新的组合元路径挖掘算法用于元路径约束下的节点间相似性度量[199];文献[200—202]扩展了动态异构信息网络应用领域。但这些研究在增量式异构数据流中适应性较弱,随着数据量的不断增长,传统的基于串行计算的相似性搜索算法面临效率低下、资源消耗过大等问题。例如,异构信息网络中较常用的 ACM 和 DBLP 数据集,截至 2023 年 11 月,json 格式数据量高达 6.7G。随着时间的累加,数据量只会越来越大。例如,若我们搜索与某个作者相似的作者后,在全域集上计算,计算代价会越来越大。因此,需要采用更加高效的算法和技术来提高搜索性能。

针对异构数据增量式增长的现状,借鉴同构信息网络中分布式计算和并行计算的思想,可以将数据划分为不同的子集,然后对子集进行冗余数据约简。这样可以提高处理大规模异构数据的效率,并能够及时处理增量式增长的数据。F- 粗糙集是同构信息网络中第一个动态粗糙集模型,在处理海量数据时具有很高的效率,在特征选择、不确定性分析、概念漂移探测等方面有较好的应用。本章基于 F- 粗糙集的基本原理和基本方法,探索出一种异构数据流中元路径下节点相似性搜索并行算法。该算法融入相似依赖度和余弦实体相似依赖度,从整体上删除与节点相似性搜索无关的数据集,增加对新增数据流相似性的判断,减少对整个数据集的重复处理和存储,从而降低时间和空间复杂性,提高计算效率。

9.1　异构信息网络

本节对异构信息网络的信息网络、网络模式、元路径等相关概念进行介绍,着重对同类型进行度量的 PathSim 算法进行说明。

定义 9.1.1　信息网络是一个带有对象类型映射函数 $\varphi: V \to A$ 和链接类型映射函数 $\varphi: E \to R$ 的有向图 $GS(V,E)$,其中,任意 $v \in V$ 是一个不同的类型,记为 $\varphi(v) \in A$,每个链接 $e \in E$ 一个特定关系类型 $\varphi(e) \in R$,当 $|A| > 1$ 或 $|R| > 1$ 时,称该网络为异构信息网络,否则称为同构信息网络。

定义 9.1.2　网络模式是带有对象类型映射 $\varphi: V \to A$、链接映射 $\varphi: E \to R$ 的异构信息网络 $GS(V,E)$(GS 是定义在对象类型 A 和关系类型集合 R 上的有向图)的元模板,记为 $TG(A,R)$ 为网络模式。

文献信息网络是常见的异构信息网络,其结构如图 9.1 所示。

在异构信息系统中的 2 个对象能通过不同的属性类型相互连接,这些不同的属性路径具有不同的含义。因此,2 个对象的相似性依赖于异构信息网络的搜索路径。

定义 9.1.3　元路径 CP 是定义在网络模式 $TG(A,R)$ 图上的一条路径,符号表示为:$A1 \xrightarrow{R1} A2 \xrightarrow{R2} \cdots \xrightarrow{Rl} Al$(简记为 $CP = A1A2\cdots Al$)。例如图 9.1 中"作者 → 论文 → 场所 → 论文 → 作者"表示"两位作者在同一

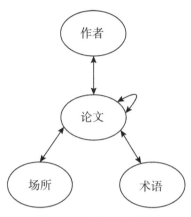

图 9.1 文献信息网络

场所都发表过文章"。

元路径的提出为异构信息网络中对象间相似性度量及网络推荐提供了基础。本节研究的算法是基于对称元路径的相似性搜索算法。

定义 9.1.4 PathSim 算法:基于单一元路径的相似性搜索算法

给定一条对称的元路径 CP,两个同类型 x 和 y 的单一元路径的相似性度量分别是:

$$S(x,y) = \frac{2 \times |\{CP_{x \to y} : CP_{x \to y} \in CP\}|}{|\{CP_{x \to x} : CP_{x \to x} \in CP\}| + |\{CP_{y \to y} : CP_{y \to y} \in CP\}|}$$

(9.1)

其中,$CP_{x \to y}$ 是 x 和 y 之间的路径实例,$CP_{x \to x}$ 是 x 和 x 之间的路径实例,$CP_{y \to y}$ 是 y 和 y 之间的路径实例。

定义 9.1.5 PathSim-M 算法:基于多重元路径的相似性搜索算法

给定 K 个从类型 A 出发又回到类型 A 的往返元路径 $CP_1, CP_2, \cdots, CP_K$,以及其相应的关系矩阵 $\boldsymbol{M}_1, \boldsymbol{M}_2, \cdots, \boldsymbol{M}_K$,用户赋予的加权系数分别为 $\omega_1, \omega_2, \cdots, \omega_K$,则定义对象 x 和 y 的多重元路径的相似性度量是:

$$S'(x,y) = \sum_{l=1}^{K} \omega_l s_l(x_i, y_i)$$

(9.2)

其中,$s_l(x_i, y_i) = \dfrac{2\boldsymbol{M}_l(i,j)}{\boldsymbol{M}_l(i,i) + \boldsymbol{M}_l(j,j)}$,$\boldsymbol{M}_l$ 为元路径 CP_l 对应的关联矩阵,$l = \{1, 2, \cdots, K\}$。

注:也有学者用 PathSim 来统称 PathSim、PathSim-M 这两个相似性搜索算法[194]。

9.2 异构信息网络中节点相似性搜索并行算法

在异构信息网络中,节点相似性值和相似节点实体的变化是相似性搜索较为关键的观测点。相似性值的变化可反映节点相似程度随时间或其他因素的动态演变情况;相似节点实体的变化可反映相似实体(如用户、物品等)的变化范围。度量两者的变化对高效率、高精准的节点相似性搜索具有重要意义。

已有 PathSim、HeteSim、路径受限的随机游走等算法具有良好的性能。出于路径对称特性以及计算复杂性的考虑,本节在判定相似关联关系节点对时选用 PathSim 算法。$S(*)$ 表示节点单一元路径下相似性度量函数,$S'(*)$ 表示节点多重元路径下相似性度量函数。

因相似性搜索 PathSim 算法中元路径有两种模式:一种是单一对称元路径(简写为单一元路径),即只对一种对称元路径下节点相似性进行研究。另外一种是多个对称元路径(简写为多重元路径),即对节点相似性的度量是在多个对称元路径组合下进行的,并且多重元路径下相似性计算涉及元路径权重赋值。因此,本节将分别给出单一元路径下节点相似性搜索并行算法和多重元路径下节点相似性搜索并行算法。为方便表述,将增量式异构信息网络信息系统 $GS(V,E)$ 均简称为增量式异构信息系统 $GS(V,E)$。

9.2.1 单一元路径下节点相似性搜索并行算法

在基于元路径的搜索中,我们通常会关注那些在元路径上具有较高相似性的节点,因为它们具有更强的关联性。$N = \{x_1, x_2, \cdots, x_n\}$ 表示与 x 相似性较高的前 N 个节点集合,我们知道节点 x 是与自己相似性最高的节点,故在 N 中,我们 x 直接用 x_1 替换,即 $N = \{x, x_2, \cdots, x_n\}$,则 $S(x, x_i)$ 为在给定元路径 CP_1 下节点对 x, x_i 间的相似性值。通过同时关注相似性较高的前 N 个名节点间相似性值的变化和相似节点实体的变化,我们可以更全面地了解节点之间的相似性和关联性,从而在不影响节点相似性搜索的前提下删除冗余节点,降低算法复杂性,较好地适应增量式异构数据流下节点相似性搜索与推荐。相似性值变化的度量方法定义如下。

定义 9.2.1 $GS = (V, E)$ 是一个增量式异构信息系统,$P(GS)$ 是 GS

的幂集，$F \subseteq P(GS)$ 是 $GS = (V,E)$ 的子集簇，$GS_i = (U_i, V_i, E_i) \in F$，给定元路径 CP_1，定义在 F 中节点 x 相对于子集 GS_i 的值相似依赖度为：

$$\partial(x, F, GS_i, CP_1) = \frac{S(x, F, CP_1, N) - S(x, F - GS_i, CP_1, N)}{S(x, F, CP_1, N)}$$

$$= 1 - \frac{S(x, F - GS_i, CP_1, N)}{S(x, F, CP_1, N)} \tag{9.3}$$

或

$$\partial'(x, F, GS_i, CP_1) = \frac{S(x, F \bigcup GS_i, CP_1, N) - S_{GS_i}(x, F, CP_1, N)}{S(x, F, CP_1, N)}$$

$$= \frac{S(x, F \bigcup GS_i, CP_1, N)}{S(x, F, CP_1, N)} - 1 \tag{9.4}$$

其中，$S(x, F, CP_1, N) = \sum\limits_{x_i \in N} S(x, x_i)$ 为在 F 中 x 与相似性较高的前 N 个节点相似性和值，$S(x, F - GS_i, CP_1, N) = \sum\limits_{x_i \in N} S(x, x_i)$ 为在 $F - GS_i$ 中 x 与相似性较高前 N 个节点相似性和值。

定义 9.2.2 $GS = (V,E)$ 是一个增量式异构信息系统，$P(GS)$ 是 GS 的幂集，$F \subseteq P(GS)$ 是 $GS = (V,E)$ 的子集簇，$GS_i = (U_i, V_i, E_i) \in F$，给定元路径 CP_1，定义在 F 中节点 x 相对于子集 GS_i 的值相似依赖度为：

$$\partial(x, F, GS_i, CP_1) = S(x, F, CP_1, N) - S(x, F - GS_i, CP_1, N)$$

$$\tag{9.5}$$

或

$$\partial'(x, F, GS_i, CP_1) = S(x, F \bigcup GS_i, CP_1, N) - S(x, F, CP_1, N)$$

$$\tag{9.6}$$

其中，$\partial'(x, F, GS_i, CP)$ 中，$F \bigcup GS_i$ 表示将新增数据流 GS 视为一个子集并入子集簇 F 内。

因异构信息网络中存在数据稀疏问题，有可能会随着数据量的增大使得相似性降低，需进一步度量相似节点实体的变化，从多维度衡量数据集对相似性搜索推荐的作用。下面先给出实体相似向量概念，再给出节点 x 相对于子集 GS_i 的余弦实体相似依赖度定义。

定义 9.2.3 在异构信息网络中，$F \subseteq P(GS)$ 是增量式异构信息系统 $GS = (V,E)$ 的子集簇，$GS_i = (U_i, V, E) \in F$，给定元路径 CP_1，定义在 F 中节点 x 相对于子集 GS_i 的相似性较高的前 N 个节点实体值构成的实体相似向量：

$$W_{GS_i} = (x, x_2, \cdots, x_n) \tag{9.7}$$

定义 9.2.4　$GS = (V, E)$ 是一个增量式异构信息系统,$P(GS)$ 是 GS 的幂集,$F \subseteq P(GS)$ 是 $GS = (V, E)$ 的子集簇,给定元路径 CP_1,定义在 F 中节点 x 相对于子集 GS_i 的余弦实体相似依赖度为:

$$H(x, F, GS_i, CP_1) = 1 - \cos(W_{F-GS_i}, W_F) = 1 - \frac{W'_{F-GS_i} W'_F}{\| W'_{F-GS_i} \| \| W'_F \|} \tag{9.8}$$

或

$$H'(x, F, GS_i, CP_1) = 1 - \cos(W_{F \cup GS_i}, W_F) = 1 - \frac{W'_{F \cup GS_i} W'_F}{\| W'_{F \cup GS_i} \| \| W'_F \|} \tag{9.9}$$

其中,W_{F-GS_i}, W_F 为 x 在 $F - GS_i, F$ 下对应的相似实体向量,W'_{F-GS_i},W'_F 为 W_{F-GS_i}, W_F 预处理转换后对应的数组向量,$\| W'_{F \cup GS_i} \|$,$\| W'_F \|$ 为 W_{F-GS_i}, W_F 对应的模长。

下面对余弦实体相似依赖度的性质进行说明。

定理 9.2.1　$GS = (V, E)$ 是一个增量式异构信息系统,$P(GS)$ 是 GS 的幂集,$F \subseteq P(GS)$ 是 $GS = (V, E)$ 的子集簇,给定元路径 CP_1,定义在 F 中节点 x 相对于子集 GS_i 的余弦实体相似依赖度:

$$0 \leqslant H(x, F, GS_i, CP_1) \leqslant 2$$

证明　根据余弦相似性定义,可知 $-1 \leqslant \cos(W_{F-GS_i}, W_F) \leqslant 1$,立即可得上述结论。

运用值相似依赖度和余弦实体相似依赖度可以并行删除冗余子集(包括新增数据流),能够适应在增量式异构数据流中搜索节点相似性。下面给出单一元路径下节点相似性搜索并行算法(F-PathSim1 算法)。

算法 9.2.1　F-PathSim1 算法

输入:异构数据流子集簇 $F \subset P(GS)$,元路径 CP_l,节点实例 x,阈值 N 与 δ。

输出:节点 x 增量式相似性推荐结果。

第 1 步:$B = \varnothing$。

第 2 步:对于任意 $GS_i = (U_i, V_i, E_i) \in F$,若 $\partial(x, F, GS_i, CP_1) > 0$ 或 $H(x, F, GS_i, CP_1) > \delta$,那么 $B = B \bigcup GS_i$。

第 3 步:$C = F - B$。

第 4 步：重复进行如下步骤，直到 $C = \varnothing$。

(1) 对于任意 $GS_i \in C$，计算 $\partial'(x,B,GS_i,CP_1)$ 与 $H'(x,B,GS_i,CP_1)$；

(2) 对于任意 $GS_i \in C$，如果 $\partial'(x,B,GS_i,CP_1) \leqslant 0$ 且 $H'(x,B,GS_i,CP_1) \leqslant \delta$，那么 $C = C - GS_i$；

(3) 选择 F 中值相似依赖度非 0、余弦实体相似依赖度大于阈值且最大的子集 $GS_i \in C$，$B = B \bigcup GS_i$，$C = C - GS_i$。

第 5 步：对于增量式异构数据集 GS_n，若 $\partial'(x,B,GS_n,CP_1) > 0$ 或 $H'(x,B,GS_n,CP_1) > \delta$，那么对于 x 的相似推荐搜索数据集为 $B = B \bigcup GS_n$；否则仍为 B。

第 6 步：在异构并行约简后数据集 B 内搜索与 x 相似的节点。

一般情况下，PathSim 算法的复杂性为 $O(N_{GS} \cdot K_{CP_1})$，其中，N_{GS} 是在 GS 中元路径 CP_1 下的节点实例个数，K_{CP_1} 是元路径 CP_1 的长度。若新增数据流 GS_n 中节点数为 n_S，则算法复杂性为 $O((N_{GS} + n_S) \cdot K_{CP_1})$，即该算法复杂性会随着节点数的增多而急剧增大。而本章所提的 F-PathSim1 算法的复杂性为 $O(N_B \cdot K_{CP_1})$，其中，N_B 为约简后数据集 B 的实例个数，因为可以利用已有的数据约简结果，只需计算新加入的数据即可，这样就避免了许多重复计算的步骤，尤其是在处理海量数据时，这种优势更加明显；此外，算法框架本身无需任何调整就可以进行并行计算，在真正实现时，各台机器之间基本上是独立运行的，即使偶尔需要交换数据，其数据量也非常小，所以十分易于实现。

9.2.2　多重元路径下节点相似性搜索并行算法

为了更好地研究多重元路径下相似性推荐算法，我们先来讨论一下，多重元路径中加权系数 $\omega_1, \omega_2, \cdots, \omega_K$，一般依赖于用户自己定义[194]。文献[199]提出利用单一元路径对应实例在全部元路径中的实例的占比作为加权系数，这种定义可以进一步推广到子集中。我们可以为不同的子集分配不同的加权系数，从而更好地捕捉数据的局部特性。这种精细的加权系数控制可以提高相似性度量的准确性，适应数据的复杂性，提供更好的解释性，增强灵活性，并提高泛化能力。这些好处有助于我们更好地理解和处理复杂的异构数据流节点相似性搜索问题。先对元路径在子集中加权系数进行如下定义。

定义 9.2.5　$GS = (V,E)$ 是一个增量式异构信息系统，$P(GS)$ 是 GS 的幂集，$F \subseteq P(GS)$ 是 $GS = (V,E)$ 的子集簇，$GS_i = (U_i,V_i,E_i) \in F$，给定 K 条元路径 $CP = \{CP_l, 1 \leqslant l \leqslant K\}$，在子集 GS_i 中元路径 CP_l 对应的实例数为 $M(GS_i,CP_l)$，$\sum_{i=1}^{K} M(GS_i,CP_l)$ 为元路径集合 CP 对应的总实例数，则子集 GS_i 上的 CP_l 对应加权系数可以写为：

$$\omega_l = \frac{M(GS_i,CP_l)}{\sum\limits_{i=1}^{K} M(GS_i,CP_l)} \tag{9.10}$$

则在给定元路径 $CP = \{CP_l, 1 \leqslant l \leqslant K\}$，子集 GS_i 上节点间多重相似性度量为：

$$S'(x,y) = \sum_{l=1}^{K} \omega_l S_l(x_i,y_i) = \sum_{l=1}^{K} \frac{M(GS_i,CP_l)}{\sum\limits_{i=1}^{K} M(GS_i,CP_l)} S_l(x_i,y_i)$$

$$\tag{9.11}$$

即是利用子集 GS_i 中各路径下对应的实例的占比，以及利用子集内部特性为权重赋值，更能刻画出不同路径的不同重要性。讨论完子集下对应的多重相似性度量后，我们给出如下多重元路径下子集的值相似依赖度。

定义 9.2.6　$GS = (V,E)$ 是一个增量式异构信息系统，$P(GS)$ 是 GS 的幂集，$F \subseteq P(GS)$ 是 $GS = (V,E)$ 的子集簇，$GS_i = (U_i,V_i,E_i) \in F$。在多重元路径 $CP = \{CP_l, 1 \leqslant l \leqslant K\}$ 下，定义在 F 中节点 x 相对于子集 GS_i 的值相似依赖度为：

$$\partial(x,F,GS_i,CP) = S(x,F,CP,N) - S(x,F-GS_i,CP,N) \tag{9.12}$$

或

$$\partial'(x,F,GS_i,CP) = S(x,F \bigcup GS_i,CP,N) - S(x,F,CP,N)$$

$$\tag{9.13}$$

其中，$S(x,F,CP,N) = \sum\limits_{x_i \in N} S'(x,x_i)$ 为在 F 内与节点 x 相似性较高的前 N 个相似性和值，$S'(x,x_i) = \sum\limits_{l=1}^{K} \omega_l s_l(x_i,y_i)$ 为节点 x,x_i 在子集中的多重元路径下的相似性度量，ω_l 为元路径 CP_l 的加权系数 ω_l $= \dfrac{M(F,CP_l)}{\sum\limits_{i=1}^{K} M(F,CP_l)}$。

定义 9.2.7 $GS = (V,E)$ 是一个增量式异构信息系统，$P(GS)$ 是 GS 的幂集，$F \subseteq P(GS)$ 是 $GS = (V,E)$ 的子集簇。在多重元路径 $CP = \{CP_l, 1 \leqslant l \leqslant K\}$ 下，定义在 F 中节点 x 相对于子集 GS_i 的余弦实体相似依赖度为：

$$H(x,F,GS_i,CP) = \sum_{CP_l \in CP} \omega_l H(x,F,GS_i,CP_l) \tag{9.14}$$

或

$$H'(x,F,GS_i,CP) = \sum_{CP_l \in CP} \omega_l H'(x,F,GS_i,CP_l) \tag{9.15}$$

其中，$H(x,F,GS_i,CP_l)$ 为元路径 CP_l 下，x 在子集 GS_i 上对应的余弦实体相似依赖度。

在多重元路径 $CP = \{CP_l, 1 \leqslant l \leqslant K\}$ 下的值相似依赖度、余弦实体相似依赖度有如下性质。

定理 9.2.2 在 $GS = (V,E)$ 是一个增量式异构信息系统，$F \subseteq P(GS)$ 是 $GS = (V,E)$ 的子集簇，$GS_i = (U_i,V_i,E_i) \in F$。在多重元路径 $CP = \{CP_l, 1 \leqslant l \leqslant K\}$ 下，在 F 中，节点 x 相对于子集 GS_i 的值相似依赖度、余弦实体相似依赖度与元路径分布情况无关，即

$$\partial(x,F,GS_i,\{CP_1,CP_2,\cdots,CP_K\}) = \partial(x,F,GS_i,\{CP_{J(1)},CP_{J(2)},\cdots,CP_{J(K)}\}) \tag{9.16}$$

$$H(x,F,GS_i,\{CP_1,CP_2,\cdots,CP_K\}) = H(x,F,GS_i,\{CP_{J(1)},CP_{J(2)},\cdots,CP_{J(K)}\}) \tag{9.17}$$

同样地，我们可以给出在多重元路径下节点相似性搜索并行算法（F-PathSim2 算法）。其基本步骤与 F-PathSim1 算法是类似的，主要区别是在多重元路径中子集 GS_i 需先 $CP = \{CP_l, 1 \leqslant l \leqslant K\}$ 中任意 CP_l 对应的加权系数，再调用 F-PathSim1 算法计算出 CP_l 对应的值相似依赖度与余弦相似依赖度，进而得到多重元路径 CP 下子集 GS_i 对应的值相似依赖度与余弦相似依赖度，同时设定阈值进行判断是否满足依赖度要求，删除冗余数据，最后在约简数据集上进行节点相似性搜索与推荐，在这将不再赘述。为后续实验及表述的统一性，将单一元路径下的 F-PathSim1 算法和多重元路径下 F-PathSim2 算法统称为 F-PathSim 算法。

9.3 实验与结果分析

本节将在数字参考书目和图书馆项目[199]数据集中进行相关实验,将本章提出的节点相似性搜索并行算法 F-PathSim 算法与传统的节点相似性搜索算法进行实验比较,验证了所提算法在增量式异构数据流上节点相似性搜索可以并行约简、并行计算。

9.3.1 实验环境与数据集描述

实验环境:处理器为 Intel(R) Xeon(R) CPU E5 — 2680 v4 @ 2.40GHz, RAM64GB,操作系统为 Windows10。在实验中,首先从网上下载了 DBLP 网络中截至 2023 年 11 月的全部数据,并进行预处理,包括删除乱码与字段不完整数据、将字符串数据转换为整型数据等操作,现选取 2016—2018 年数据集作为研究对象,在该数据集中共包括作者、论文、会议、关键字等节点,在实验中以 2016、2017 年数据作为初始数据集 $F = \{GS_1, GS_2\}$,2018 年数据作为增量式数据集 GS_3,余弦实体相似依赖度阈值 δ 为 0,以此验证所提节点相似性搜索并行算法的有效性。

9.3.2 并行算法的有效性

假设给定对称元路径 CP_1,对 PathSim 算法和 F-PathSim 算法分别进行分析。元路径 CP_1:APVPA(即作者 — 论文 — 会议 — 论文 — 作者)表示在同一个会议发表过文章的作者。对应节点数见表 9.1。下面通过实例来说明本章所提算法的有效性。

表 9.1 元路径 CP_1 下对应节点数

年份	标题	作者	会议
2016	3286	10905	404
2017	3009	9778	436
2018	7515	24377	392

在实验数据集上采用与作者"Philip S. Yu"(为下面公式计算方便,简记

为 x_{YP}）APVPA 中相似的前 20 名作者。

在单一元路径下，调用 F-PathSim 算法，计算作者 x_{YP} 在 $F=\{GS_1,GS_2\}$ 的相似依赖度。因为 GS_2 中作者未发文，故不存在路径实例，因此 GS_2 的前 20 个相似性值均为 0，则计算 x_{YP} 相对于 GS_1 值相似依赖度为：

$$\partial(x_{YP},F,GS_1,CP_1)=\frac{12.60984-0}{12.60984}=1>0$$

将 GS_1 纳入相似推荐搜索数据集中，现在计算 x_{YP} 相对于 GS_2 值相似依赖度为：

$$\partial(x_{YP},F,GS_2,CP_1)=\frac{12.60984-12.63788}{12.60984}=-0.00222<0$$

若相似依赖度小于 0，则需要进一步判定 x_{YP} 相对于 GS_2 的余弦实体相似依赖度是否小于阈值，计算得到：

$$H(x_{YP},F,GS_2,CP_1)=1-\frac{\boldsymbol{W}'_{F-GS_2}\boldsymbol{W}'_F}{\parallel\boldsymbol{W}'_{F-GS_2}\parallel\parallel\boldsymbol{W}'_F\parallel}=1-0.97646=0.02354>0$$

因余弦实体相似依赖度大于阈值，则判定 GS_2 不能删除，将 GS_2 并入相似性搜索集中来。

对于 GS_3，计算 x_{YP} 相对于 GS_3 的值相似依赖度为 -0.0152，余弦实体相似依赖度为 0，并将在 $F\bigcup GS_3$ 和 F 下的前 20 个相似节点的相似性值及具体相似实体（作者名称）整理后汇总于表 9.2。

表 9.2　两个数据集中前 20 名相似实体及相似值汇总表

$F\bigcup GS_3$		F	
相似性	作者	相似性	作者
1	Philip S. Yu	1	Philip S. Yu
0.762448	Jiawei Zhang	0.763708	Jiawei Zhang
0.733219	Christos Faloutsos	0.743743	Christos Faloutsos
0.643228	Qianyi Zhan	0.653105	Qianyi Zhan
0.610564	Yan Huang	0.620256	Yan Huang
0.609646	Zhenglu Yang	0.619175	Zhenglu Yang
0.607617	Aoying Zhou	0.617172	Aoying Zhou
0.607044	Xiaochun Yang	0.616604	Xiaochun Yang
0.607044	Chengfei Liu	0.616604	Chengfei Liu
0.605707	Chuan Zhou	0.615279	Chuan Zhou

续　　表

F ∪ GS₃		F	
相似性	作者	相似性	作者
0.604623	Huayu Wu	0.614203	Huayu Wu
0.603895	Lu Chen	0.614196	Stéphane Bressan
0.595144	Stéphane Bressan	0.612836	Lu Chen
0.551996	Dong Wang	0.578152	Dong Wang
0.547028	Ella Rabinovich	0.556013	Ella Rabinovich
0.546478	Fred Morstatter	0.555467	Fred Morstatter
0.546478	Justin Sampson	0.555467	Justin Sampson
0.546417	Yunlong He	0.555407	Yunlong He
0.546237	Patrick Ernst	0.555227	Patrick Ernst
0.546237	Srikanta J. Bedathur	0.555227	Srikanta J. Bedathur

由表 9.2 可知,删除 GS_3 并不影响对作者 x_{YP} 相似的推荐,且在 F 下的相似性搜索速度远高于在 $F \cup GS_3$ 下,删除冗余节点提高计算性能,并能较好地进行增量式异构数据流节点相似性搜索,故上述示例验证了所提算法的有效性。

对于在多重元路径下,这里在元路径 CP_1:APVPA 和元路径 CP_2:APTPA 两条路径上,首先计算不同路径在子集中的路径实例数及实例的占比(表 9.3)。

表 9.3   元路径下实例数及实例的占比

实例	CP_1 实例数	CP_1 实例的占比	CP_2 实例数	CP_2 实例的占比
GS_1	31653	0.131662	208758	0.868338
$GS_1 \cup GS_2$	40577	0.099036	369144	0.900964
$GS_1 \cup GS_2 \cup GS_3$	61980	0.102231	544292	0.897769

由表 9.3 在不同子集里应该给元路径系数赋不同权重值,而不是简单地计算全域内元路径实例的占比,反映实际情况,进而精准地进行作者或文献资源的相似性搜索与推荐。

多重元路径下相似推荐与单一元路径下相似推荐的步骤相似,因篇幅问题,在这里就不展开计算了,直接给出计算结果:数据集 GS_1、GS_2、GS_3 中

GS_3 需删除，它对于 x_{YP} 节点的相似性搜索不起作用，故在多重元路径：APVPA、APTPA 下，数据集 GS_3 存在冗余。

最后，将本节所提出的基于 F- 粗糙集的异构信息网络节点相似性搜索并行算法（F-PathSim 算法）与基于元路径的动态相似性搜索算法（PDSim 算法）[197]、传统的相似性搜索算法（PathSim 算法）[194]，分别在 DBLP 数据集中进行对比实验，验证本节提出的算法的有效性。实验结果如表 9.4 所示。

表 9.4　算法对比结果

算法	并行约简	并行计算	冗余节点删除
PathSim	否	否	否
PDSim	否	否	否
F-PathSim	是	是	是

总的来说，在异构信息网络中处理增量式数据流时，基于并行思想删除冗余数据集后，避免对整个数据集的重复计算有助于系统更快地适应实时数据变化，提高实时性，对实时分析和决策至关重要。

9.4　小结与展望

针对传统的基于串行计算的相似性搜索算法效率低下、资源消耗过大等问题，本章结合同构信息网络中并行约简的方法与理论，将异构数据流划分为子集簇，为并行约简提供可能，引入判断数据集冗余的度量方法（值相似依赖度和余弦实体相似依赖度），并综合考量数据集对节点相似性搜索的作用，增加对新增数据流相似性进行判断的步骤，整体上删除冗余数据，减少对整个数据集的重复处理和存储，一定程度上降低时间和空间复杂性。最后，在实验中与传统相似性搜索算法进行对比，结果验证了该算法可进行并行约简、并行计算。

下一步将构建与 F-PathSim 算法相对应的节点相似性搜索并行索引库。索引库的创建有助于迭代更新节点相似性搜索能力，提升对大规模异构信息网络的处理效率，增强对快速变化数据环境的适应力；同时将在实验中进一步确定余弦实体相似依赖度的阈值取值范围，探索非对称元路径下异构信息网络中节点相似性搜索可行的算法，设计出适应多种元路径模式下的节点相似性搜索并行算法。

第 10 章　F- 粗糙集研究综述

　　F- 粗糙集的主要目的是处理动态数据、增量式数据和海量数据。F- 粗糙集[65]于 2011 年首次提出。2012 年,研究了其发展方向和目标[82],包括并行约简、概念漂移探测、与其他粗糙集模型的结合等。并行约简[75]是 2009 年引入的与 F- 粗糙集相对应的属性约简方法。2012 年,引入了 3 种并行约简算法[82],包括 PRMAS(基于属性重要性矩阵的并行约简算法)、OPRMAS(PRMAS 的优化算法)和 PRAS(基于 F- 属性重要性的并行约简算法)。同时,将互信息与并行约简相结合,提出了 PRBMI(基于互信息的并行约简算法)[84]。2017 年,提出了属性约简标准[203]以及属性约简的信息损失,这个结果可以引出更多的属性约简算法,特别是基于联合熵的属性约简。2018 年,讨论了属性约简与概念漂移之间的关系,并将属性约简视为避免概念漂移的最小属性集[204]。2019 年,从一组具有概念漂移指数的约简中选择最优约简[205]。之后提出了全粒度属性约简算法[206]。2023 年,从平均代价敏感的角度出发,提出了基于 F- 粗糙集和三支决策的并行约简[207]。

　　F- 粗糙集应用于概念漂移探测是粗糙集理论的一个突破。2013 年,在引入了下近似和上近似[173]的概念漂移后,首次使用 F- 粗糙集来探测概念漂移,但这种方法限于数据结构,难以处理不同的数据或异构数据。2015 年,使用并行约简、基于属性依赖度的属性重要性指标和互信息来探测概念漂移[177]。这些不确定性指标不依赖于数据结构,因此,可以应用于不同的数据,即使是异构数据。此外,概念漂移探测的工作可以重复使用,从而大大减少了工作量。2016 年,引入了全粒度粗糙集模型[208]。该模型可以表达显性和隐性知识,体现了量子计算的思想,可以借助量子计算将一种类型的粒化转化为另一种类型。同时,研究了同一信息系统中的概念漂移探测[187],并定义了认知收敛,对模糊数据的概念漂移探测进行初步研究[209]。2018 年,在引入概念的属性约简后,提出异构数据的概念漂移探测方法[204]。2021 年,基于

F- 粗糙集的理论,提出漂移度指标来适应概念漂移[210]。

与其他粗糙集模型的结合是我们最重要的任务之一。迄今为止,已有 3 个粗糙集模型与 F- 粗糙集相结合。2013 年,建立了一个基于 F- 粗糙集[211] 的三支决策模型。2015 年,提出了 F- 模糊粗糙集模型[192]。2020 年,创建了 F- 邻域粗糙集,它同时具有 F- 粗糙集和邻域粗糙集的优点;之后,将 F- 邻域粗糙集用于多标签特征选择[212,213]。此外,F- 粗糙集也能提升机器学习算法的性能。2023 年,F- 粗糙集和模糊等价关系的结合提升了随机森林的分类准确性[214]。

到目前为止,全粒度粗糙集研究领域有 4 篇文献。在 2016 年建立全粒度粗糙集模型[208] 之后。文献[215] 讨论了全粒度属性约简的性质;文献[216] 给出了全粒度粗糙集的几个不确定度指标;文献[206] 在确定元素之间的可区分性后,提出一种属性约简方法,并获得了全粒度粗糙集的近似约简。与其他约简方法相比,该方法具有更高的分类精度和更少的时间复杂性。更详细的 F- 粗糙集研究现状总结可参阅文献[217]。

总的来说,F- 粗糙集模型发展经历了原始生成阶段和改进发展阶段。原始 F- 粗糙集模型是在信息系统(或决策系统)上定义的,即将信息系统划分为多个信息子系统,然后在这多个信息子系统上定义 F- 粗糙集。后来它被扩展到一个信息系统簇中,信息系统簇的每个元素都可以自由地包含不同的实例和不同的条件属性。在信息系统簇中,原始 F- 粗糙集模型的动态部分是实例集,看起来 F- 粗糙集没有改变属性集,但事实上,在 F- 粗糙集中,不仅实例集可以改变,属性集也可以改变,即 F- 粗糙集中,除概念 X 的标签之外的所有事物都可以改变。在改进 F- 粗糙集模型中,实例集和属性集都可以改变,即属性集 A_i 在不同的信息系统中的元素可能是不同的。也就是说,改进 F- 粗糙集模型可以处理异构数据。粗糙集理论已经在各个方面得到了扩展,并且有许多扩展版本。F- 粗糙集起源于粗糙集,可以推广到粗糙集到达的地方。因此,F- 粗糙集具有良好的相容性。我们在信息系统簇中定义了 F- 粗糙集,然后用 F- 粗糙集来表示目标的动态特性。F- 粗糙集具有良好的兼容性、动态性以及很强的表示能力。

参考文献

［1］Ayatollahi H，Gholamhosseini L，Salehi M. Predicting coronary artery disease：a comparison between two data mining algorithms[J]. BMC Public Health，2019，19（1）：1-9.

［2］Albahri A S，Hamid R A，Alwan J K，et al. Role of biological data mining and machine learning techniques in detecting and diagnosing the novel coronavirus (COVID-19)：a systematic review[J]. Journal of Medical Systems，2020，44（7）：1-11.

［3］Remeseiro B，Bolon-Canedo V. A review of feature selection methods in medical applications[J]. Computers in Biology and Medicine，2019，112：103375.

［4］Wu C M，Badshah M，Bhagwat V. Heart disease prediction using data mining techniques[C]// Proceedings of the 2019 2nd international conference on data science and information technology. New York：Association for Computing Machinery，2019：7-11.

［5］Yerpude P. Predictive modelling of crime data set using data mining[J]. International Journal of Data Mining & Knowledge Management Process (IJDKP)，2020，7（4）：43-58.

［6］Qazi N，Wong B L W. An interactive human centered data science approach towards crime pattern analysis[J]. Information Processing & Management，2019，56（6）：102066.

［7］Thomas A，Sobhana N V. A survey on crime analysis and prediction[J]. Materials Today：Proceedings，2022，58：310-315.

［8］王帅. 基于在线健康社区用户生成内容的疫情风险识别研究[D]. 淄博：山东理工大学，2023.

[9] 刘静，安璐.突发公共卫生事件中社交媒体用户应急信息搜寻行为画像研究[J].情报理论与实践，2020，43(11)：8-15.

[10] 唐三一，唐彪，Bragazzi N L，等.新型冠状病毒肺炎疫情数据挖掘与离散随机传播动力学模型分析[J]. 中国科学：数学，2020，50(8)：1071-1086.

[11] Sharma D K, Lohana S, Arora S, et al. E-Commerce product comparison portal for classification of customer data based on data mining[J]. Materials Today：Proceedings，2022，51：166-171.

[12] Zeng M, Cao H, Chen M, et al. User behaviour modeling, recommendations, and purchase prediction during shopping festivals[J]. Electronic Markets，2019，29(2)：263-274.

[13] Anh K Q, Nagai Y, Nguyen L M. Extracting customer reviews from online shopping and its perspective on product design[J]. Vietnam Journal of Computer Science，2019，6(1)：43-56.

[14] Pedrycz W. Granular computing for data analytics：a manifesto of human-centric computing[J]. IEEE/CAA Journal of Automatica Sinica，2018，5(6)：1025-1034.

[15] Zadeh L A. Fuzzy sets [J]. Information and Control，1965，8：338-353.

[16] 刘旺金，何家儒.模糊数学导论[M].成都：四川教育出版社，1992.

[17] Pawlak Z. Rough sets[J]. International Journal of Computer & Information Sciences，1982，11(5)：341-356.

[18] 徐丽娜. 神经网络控制[M].哈尔滨：哈尔滨工业大学出版社，1999.

[19] Quinlan J R. Induction of decision trees[J]. Machine Learning，1986，1(1)：81-106.

[20] Quinlan J R. C4.5：programs for machine learning[M]. Amsterdam：Elsevier，2014.

[21] 葛继科，邱玉辉，吴春明，等.遗传算法研究综述[J].计算机应用研究，2008(10)：2911-2916.

[22] Margaret H D. 数据挖掘教程[M].郭崇慧，田凤占，靳晓明，译. 北京：清华大学出版社，2005.

[23] 张清华，王国胤，胡军，等.多粒度知识获取与不确定性度量[M].北

京：科学出版社，2013.

[24] 王国胤，张清华，马希骜，等.知识不确定性问题的粒计算模型[J].软件学报，2011，22(4)：676-694.

[25] Liang J Y, Qian Y. Axiomatic approach of knowledge granulation in information system[C]//Australasian Joint Conference on Artificial Intelligence. Berlin, Heidelberg：Springer，2006：1074-1078.

[26] Miao D Q, Wang J. On the relationships between information entropy and roughness of knowledge in rough set theory[J]. Pattern Recognition and Artificial Intelligence，1998，11(1)：34-40.

[27] Qian Y H, Liang J Y. Combination entropy and combination granulation in rough set theory[J]. International Journal of Uncertainty, Fuzziness and Knowledge-Based Systems，2008，16(2)：179-193.

[28] Wang G Y, Yu H, Yang D C. Decision table reduction based on conditional information entropy[J]. Chinese Journal of Computers-Chinese Edition，2002，25(7)：759-766.

[29] Zhang B, Zhang L. The theory and applications of problem solving[M]. Beijing：Tsinghua University Press，1990.

[30] Wang G Y, Zhang Q H. Uncertainty of rough sets in different knowledge granularities[J]. Chinese Journal of Computers，2008，31(9)：1588-1598.

[31] 李德毅，孟海军，史雪梅.隶属云和隶属云发生器[J].计算机研究与发展，1995，32(6)：15-20.

[32] 张屹，李德毅，张燕.隶属云及其在数据发掘中的应用[C]//'99青岛-香港国际计算机会议论文集(下册).青岛：中国计算机学会，1999：890-895.

[33] 蒋嵘，李德毅，范建华.数值型数据的泛概念树的自动生成方法[J].计算机学报，2000，23(5)：470-476.

[34] 王国胤.云模型与粒计算[M].北京：科学出版社，2012.

[35] 胡星辰，李妍，陈紫健，等.粒度模糊规则建模方法研究综述[J/OL].智能系统学报，2024，19(1)：22-35.

[36] 张铃，张钹.模糊相容商空间与模糊子集[J].中国科学：信息科学，2011，41(1)：1-11.

[37] Xu W，Wang Q，Zhang X. Multi-granulation fuzzy rough sets in a fuzzy tolerance approximation space[J]. International Journal of Fuzzy Systems，2011，13(4)：246-259.

[38] 聂朋. 基于粒计算的数据挖掘与数据分析[D]. 西安：西安电子科技大学，2022.

[39] Pawlak Z. Rough sets：Theoretical aspects of reasoning about data[M]. Berlin：Springer Science & Business Media，1991.

[40] 王国胤. Rough 集理论与知识获取[M]. 西安：西安交通大学出版社，2001.

[41] 王国胤，姚一豫，于洪. 粗糙集理论与应用研究综述[J]. 计算机学报，2009，32(7)：1229-1246.

[42] Hu Q H，Yu D R，Xie Z X. Numerical attribute reduction based on neighborhood granulation and rough approximation[J]. Journal of Software，2008，19(3)：640-649.

[43] Qian Y，Liang X，Wang Q，et al. Local rough set：a solution to rough data analysis in big data[J]. International Journal of Approximate Reasoning，2018，97：38-63.

[44] Das A K，Sengupta S，Bhattacharyya S. A group incremental feature selection for classification using rough set theory based genetic algorithm[J]. Applied Soft Computing，2018，65：400-411.

[45] Ma Y，Luo X，Li X，et al. Selection of rich model steganalysis features based on decision rough set α -positive region reduction [J]. IEEE Transactions on Circuits and Systems for Video Technology，2018，29(2)：336-350.

[46] Zhang K，Zhan J，Wu W Z. On multicriteria decision-making method based on a fuzzy rough set model with fuzzy α -Neighborhoods[J]. IEEE Transactions on Fuzzy Systems，2020，29(9)：2491-2505.

[47] Zhu W. Generalized rough sets based on relations[J]. Information Sciences，2007，177(22)：4997-5011.

[48] Skowron A，Stepaniuk J. Tolerance approximation spaces[J]. Fundamenta Informaticae，1996，27(2-3)：245-253.

[49] Huang B，Hu Z J，Zhou X Z. Dominance relation-based fuzzy-rough

model and its application to audit risk evaluation[J]. Control and Decision，2009，24(6)：899-902.

[50] 赵明清,胡美燕,郭世祎.量化容差关系与量化非对称相似关系的比较研究[J].计算机科学,2004,31(S02):98-100.

[51] Shi K Q, Cui Y Q. S-rough sets and its general structures[J]. Journal of Shandong University，2002，37(6)：471-474.

[52] Banerjee M，Pal S K. Roughness of a fuzzy set[J]. Information Sciences，1996，93(3-4)：235-246.

[53] 程昳,莫智文.模糊粗糙集及粗糙模糊集的模糊度[J].模糊系统与数学,2001(3):15-18.

[54] Jensen R，Shen Q. Fuzzy-rough sets for descriptive dimensionality reduction[C]//2002 IEEE World Congress on Computational Intelligence. New York：IEEE，2002，1：29-34.

[55] Cornelis C, De Cock M, Radzikowska A M. Vaguely quantified rough sets[C]//Rough Sets，Fuzzy Sets，Data Mining and Granular Computing：11th International Conference，Berlin，Heidelberg：Springer，2007：87-94.

[56] Mac Parthaláin N，Shen Q. On rough sets, their recent extensions and applications[J]. The Knowledge Engineering Review，2010，25(4)：365-395.

[57] Ziarko W. Variable precision rough set model[J]. Journal of Computer and System Sciences，1993，46(1)：39-59.

[58] Slezak D，Ziarko W. The investigation of the Bayesian rough set model[J]. International Journal of Approximate Reasoning，2005，40(1-2)：81-91.

[59] Yao Y Y. Decision-theoretic rough set models[C]//Rough Sets and Knowledge Technology：Second International Conference，Berlin，Heidelberg：Springer，2007：1-12.

[60] Yao Y Y, Lin T Y. Generalization of rough sets using modal logics[J]. Intelligent Automation & Soft Computing，1996，2(2)：103-119.

[61] Yao Y. A partition model of granular computing[M]//Transactions on Rough Sets I. Berlin，Heidelberg：Springer，2004：232-253.

[62] Qian Y, Liang J, Yao Y, et al. MGRS: A multi-granulation rough set[J]. Information Sciences, 2010, 180(6): 949-970.

[63] Zhu W. Topological approaches to covering rough sets[J]. Information Sciences, 2007, 177(6): 1499-1508.

[64] Azam N, Yao J T. Game-theoretic rough sets for recommender systems[J]. Knowledge-Based Systems, 2014, 72: 96-107.

[65] Deng D, Yan D, Chen L. Attribute significance for F-Parallel reducts[C]//2011 IEEE International Conference on Granular Computing. New York: IEEE, 2011: 156-161.

[66] 王国胤. 云模型与粒计算[M]. 北京: 科学出版社, 2012: 210-216.

[67] 陈林. 粗糙集中不同粒度层次下的并行约简及决策[D]. 金华: 浙江师范大学, 2013. Chen L. Parallel reducts and decision in warious levels of granularity[D]. Jinhua: Zhejiang Normal University, 2013

[68] Qin H F, Sun Y, Zhao Y C. Big Data Quality Analysis[C]//2013 Asia-Pacific Computational Intelligence and Information Technology Conference, 2013.

[69] Jin R, Breitbart Y, Muoh C. Data discretization unification[J]. Knowledge and Information Systems, 2009, 19(1): 1-29.

[70] Jensen R, Shen Q. Finding rough set reducts with ant colony optimization[C]//Proceedings of the 2003 UK workshop on computational intelligence, 2003, 1(2): 15-22.

[71] 王文辉, 周东华. 基于遗传算法的一种粗糙集知识约简算法[J]. 系统仿真学报, 2001, 13(Z1): 91-93, 96.

[72] Wang W H, Zhou D H. An algorithm for knowledge reduction in rough sets based on genetic algorithm[J]. Journal of System Simulation, 2001, 13(Z1): 91-93, 96.

[73] Jensen R, Shen Q. Computational intelligence and feature selection: Rough and fuzzy approaches[M]. New York: Wiley-IEEE Press, 2008.

[74] 邓大勇, 王基一. 并行约简的现状与发展[J]. 中国人工智能学会通讯, 2011, 1(5): 16-18.

[75] Deng D Y, Wang J Y, Li X J. Parallel reducts in a series of decision subsystems[C]//2009 International Joint Conference on Computational

Sciences and Optimization. New York：IEEE，2009，2：377-380.

[76] Deng D Y. Comparison of parallel reducts and dynamic reducts in theory[J]. Computer Science (in Chinese)，2009，36(8 A)：176-178.

[77] Deng D Y. Parallel reduct and its properties[C]//2009 IEEE International Conference on Granular Computing. New York：IEEE，2009：121-125.

[78] 闫电勋. 粗糙集并行约简算法研究[D]. 金华：浙江师范大学，2013.

[79] Deng D Y, Yan D X, Wang J J. Parallel reducts based on attribute significance[C]//Rough Set and Knowledge Technology：5th International Conference. Berlin, Heidelberg：Springer，2010：336-343.

[80] Deng D Y, Yan D X, Wang J J, et al. Parallel reducts and decision system decomposition[C]//2011 Fourth International Joint Conference on Computational Sciences and Optimization. New York：IEEE，2011：799-803.

[81] Deng D Y, Yan D X, Chen L. Parallel reduction based on condition attributes[C]//2011 IEEE International Conference on Granular Computing. New York：IEEE，2011：162-166.

[82] 陈林，邓大勇，闫电勋. 基于属性重要性并行约简算法的优化[J]. 南京大学学报(自然科学版)，2012，48(4)：376-382.

[83] Deng D Y, Yan D X, (F,ε)-Parallel Reducts in a Series of Decision Subsystems [C]// Proceedings of the Third International Joint Conference on Computational Sciences and Optimization，RSKT 2010，Berlin Heidelberg：Springer，2010：372-376.

[84] 闫电勋,邓大勇,金皓,等. 基于互信息的并行约简[J]. 浙江师范大学学报(自然科学版)，2012,35(3)：300-304.

[85] Jin R, Agrawal G. Efficient decision tree construction on streaming data[C]//Proceedings of the ninth ACM SIGKDD international conference on Knowledge discovery and data mining,2003：571-576.

[86] Guo G, Chen L, Bi Y. IKnnM-DHecoc：a method for handling the problem of concept drift[J]. Journal of Computer Research and Development，2011，48(4)：592-601.

[87] Ju C H, Shuai Z Q, Feng Y. Granular computing based concept drift

features selection for business data streams[J]. Journal of Nanjing University, 2011, 47(4): 391-397.

[88] Czogała E, Mrozek A, Pawlak Z. The idea of a rough fuzzy controller and its application to the stabilization of a pendulum-car system[J]. Fuzzy Sets and Systems, 1995, 72(1): 61-73.

[89] Xu F F, Miao D Q, Wei L. Fuzzy-rough attribute reduction via mutual information with an application to cancer classification[J]. Computers & Mathematics with Applications, 2009, 57(6): 1010-1017.

[90] Hassanien A E, Ali J M H. Rough set approach for generation of classification rules of breast cancer data[J]. Informatica, 2004, 15(1): 23-38.

[91] Tay F E H, Shen L. Economic and financial prediction using rough sets model[J]. European Journal of Operational Research, 2002, 141(3): 641-659.

[92] 丛蓉，王秀坤，杨南海，等. 融合粗糙集和 DS 方法的空中目标类型识别算法[J]. 控制与决策，2008，23(8): 915-918，928.

[93] 张文修，吴伟志，梁吉业，等. 粗糙集理论与方法[M]. 北京：科学出版社，2001.

[94] Dubois D, Prade H. Rough fuzzy sets and fuzzy rough sets[J]. International Journal of General System, 1990, 17(2-3): 191-209.

[95] Kohavi R, John G H. Wrappers for feature subset selection[J]. Artificial Intelligence, 1997, 97(1-2): 273-324.

[96] Lazar C, Taminau J, Meganck S, et al. A survey on filter techniques for feature selection in gene expression microarray analysis[J]. IEEE/ACM Transactions on Computational Biology and Bioinformatics, 2012, 9(4): 1106-1119.

[97] Tsymbal A, Pechenizkiy M, Cunningham P. Diversity in search strategies for ensemble feature selection[J]. Information Fusion, 2005, 6(1): 83-98.

[98] 苏映雪. 特征选择算法研究[D]. 长沙：国防科技大学，2006.

[99] Li B, Chow T W S, Huang D. A novel feature selection method and its application[J]. Journal of Intelligent Information Systems, 2013,

41：235-268.

[100] Dash M，Liu H. Feature selection for classification[J]. Intelligent Data Analysis，1997，1(1-4)：131-156.

[101] Hu Q，Liu J，Yu D. Mixed feature selection based on granulation and approximation[J]. Knowledge-Based Systems， 2008， 21(4)：294-304.

[102] Jensen R，Shen Q. Semantics-preserving dimensionality reduction：rough and fuzzy-rough-based approaches[J]. IEEE Transactions on Knowledge and Data Engineering，2004，16(12)：1457-1471.

[103] Parthaláin N，Shen Q，Jensen R. A distance measure approach to exploring the rough set boundary region for attribute reduction[J]. IEEE Transactions on Knowledge and Data Engineering， 2009， 22(3)：305-317.

[104] Maji P，Paul S. Rough set based maximum relevance-maximum significance criterion and gene selection from microarray data[J]. International Journal of Approximate Reasoning，2011，52(3)：408-426.

[105] Swiniarski R W，Skowron A. Rough set methods in feature selection and recognition[J]. Pattern Recognition Letters，2003，24(6)：833-849.

[106] Wong S K M，Ziarko W. On optimal decision rules in decision tables[J]. Bulletin of Polish Academyof Sciences，1985，33(11-12)：693-696.

[107] 王珏，苗夺谦，周育健. 关于 Rough Set 理论与应用的综述[J]. 模式识别与人工智能，1996，9(4)：337-344.

[108] Hu X H，Cercone N. Learing in relational databases：a rough set approach[J]. Computational Intelligence，1995，11(2)：323-337.

[109] 胡可云. 基于概念格和粗糙集的数据挖掘方法研究[D]. 北京：清华大学，2001.

[110] Wang C，Wang Y，Shao M，et al. Fuzzy rough attribute reduction for categorical data[J]. IEEE Transactions on Fuzzy Systems，2019，28(5)：818-830.

[111] Tsang E C C，Chen D，Lee J W T，et al. On the upper approximations of covering generalized rough sets[C]//Proceedings of 2004

International Conference on Machine Learning and Cybernetics. New York：IEEE, 2004, 7：4200-4203.

[112] Yeung D S, Chen D, Tsang E C C, et al. On the generalization of fuzzy rough sets[J]. IEEE Transactions on Fuzzy Systems, 2005, 13(3)：343-361.

[113] Wu W Z, Mi J S, Zhang W X. Generalized fuzzy rough sets[J]. Information Sciences, 2003, 151(5)：263-282.

[114] Mi J S, Zhang W X. An axiomatic characterization of a fuzzy generalization of rough sets[J]. Information Sciences, 2004, 160(1-4)：235-249.

[115] Novak V, Perfilieva I, Mockor J. Mathematical Principles of Fuzzy Logic[M]. Dordrecht：Kluwer Academic Publishers,1999.

[116] Chen D G, Yang Y P, Wang H. Granular computing based on fuzzy similarity relations[J]. Soft Computing, 2011, 15：1161-1172.

[117] 陈德刚. 模糊粗糙集理论与方法[M]. 北京：科学出版社，2013.

[118] Wang C Y, Wan L. New results on granular variable precision fuzzy rough sets based on fuzzy (co) implications[J]. Fuzzy Sets and Systems, 2021, 423：149-169.

[119] Sun B, Ma W, Chen X. Variable precision multigranulation rough fuzzy set approach to multiple attribute group decision-making based on λ-similarity relation[J]. Computers & Industrial Engineering, 2019, 127：326-343.

[120] 魏玲，张琬林，李阳. 基于模糊包含度的贝叶斯粗糙集模型[J]. 统计与决策，2019, 35(2)：34-38.

[121] Ye J, Zhan J, Ding W, et al. A novel fuzzy rough set model with fuzzy neighborhood operators[J]. Information Sciences, 2021, 544：266-297.

[122] Wang C, Shao M, He Q, et al. Feature subset selection based on fuzzy neighborhood rough sets[J]. Knowledge-Based Systems, 2016, 111：173-179.

[123] 杨斌. 剩余格上的一类模糊覆盖粗糙集[J]. 模糊系统与数学，2020, 34(6)：26-42.

[124] 程昳，苗夺谦，冯琴荣.基于模糊粗糙集的粒度计算[J].计算机科学，2007，34(7)：142-145.

[125] 徐菲菲，苗夺谦，魏莱，等.基于互信息的模糊粗糙集属性约简[J].电子与信息学报，2008，30(6)：1372-1375.

[126] 聂作先，刘建成.一种面向连续属性空间的模糊粗糙约简[J].计算机工程，2005，31(6)：163-165.

[127] 陈贞.基于模糊粗糙集的属性约简研究[D].泉州：华侨大学，2006.

[128] 刘金平,张五霞,唐朝晖,等.基于模糊粗糙集属性约简与GMM-LDA最优聚类簇特征学习的自适应网络入侵检测[J].控制与决策,2019，34(2):243-251.

[129] Pawlak Z, Wong S K M, Ziarko W. Rough sets：probabilistic versus deterministic approach[J]. International Journal of Man-Machine Studies，1988，29(1)：81-95.

[130] 邬阳阳，郭文强，汤建国，等.几类拓展粗糙集模型属性约简研究综述[J].宜宾学院学报，2019，19(12)：29-38.

[131] Shen Q, Jensen R. Selecting informative features with fuzzy-rough sets and its application for complex systems monitoring[J]. Pattern Recognition，2004，37(7)：1351-1363.

[132] Hu Q, Yu D, Xie Z. Information-preserving hybrid data reduction based on fuzzy-rough techniques[J]. Pattern Recognition Letters，2006，27(5)：414-423.

[133] Hu Q, Xie Z, Yu D. Comments on "Fuzzy probabilistic approximation spaces and their information measures"[J]. IEEE Transactions on Fuzzy Systems，2008，16(2)：549-551.

[134] Zhang X, Mei C, Chen D, et al. Feature selection in mixed data：A method using a novel fuzzy rough set-based information entropy[J]. Pattern Recognition，2016，56：1-15.

[135] 徐菲菲，魏莱，杜海洲，等.一种基于互信息的模糊粗糙分类特征基因快速选取方法[J].计算机科学，2013，40(7)：216-221，235.

[136] 潘瑞林，李园沁，张洪亮，等.基于α信息熵的模糊粗糙属性约简方法[J].控制与决策，2017，32(2)：340-348.

[137] 李京政，杨习贝，王平心，等.模糊粗糙集的稳定约简方法[J].南京

理工大学学报，2018，42(1)：68-75.

[138] Sheeja T K, Kuriakose A S. A novel feature selection method using fuzzy rough sets[J]. Computers in Industry，2018，97：111-116.

[139] Wang C, Huang Y, Shao M, et al. Fuzzy rough set-based attribute reduction using distance measures[J]. Knowledge-Based Systems，2019，164：205-212.

[140] Dai J, Hu H, Wu W Z, et al. Maximal-discernibility-pair-based approach to attribute reduction in fuzzy rough sets[J]. IEEE Transactions on Fuzzy Systems，2017，26(4)：2174-2187.

[141] 徐菲菲，魏莱，毕忠勤. 基于互信息的模糊粗糙集并行约简[J]. 小型微型计算机系统，2015，36(8)：1847-1851.

[142] Yang Y, Chen D, Wang H, et al. Fuzzy rough set based incremental attribute reduction from dynamic data with sample arriving[J]. Fuzzy Sets and Systems，2017，312：66-86.

[143] Yang Y, Chen D, Wang H, et al. Incremental perspective for feature selection based on fuzzy rough sets[J]. IEEE Transactions on Fuzzy Systems，2017，26(3)：1257-1273.

[144] 黄正华，胡宝清. 模糊粗糙集理论研究进展[J]. 模糊系统与数学，2005(4)：125-134.

[145] Greco S, Matarazzo B, Slowinski R. Fuzzy similarity relation as a basis for rough approximations[C]//Rough Sets and Current Trends in Computing：First International Conference. Berlin，Heidelberg：Springer，1998：283-289.

[146] Radzikowska A M, Kerre E E. A comparative study of fuzzy rough sets[J]. Fuzzy sets and systems，2002，126(2)：137-155.

[147] Morsi N N, Yakout M M. Axiomatics for fuzzy rough sets[J]. Fuzzy sets and Systems，1998，100(1-3)：327-342.

[148] Thiele H. Fuzzy rough sets versus rough fuzzy sets an interpretation and a comparative study using concepts of modal logics[R]. University of Dortmund，1998.

[149] Thiele H. On axiomatic characterizations of fuzzy approximation operators：I. The fuzzy rough set based case[C]//Rough Sets and

Current Trends in Computing: Second International Conference. Berlin, Heidelberg: Springer, 2001: 277-285.

[150] Thiele H. On axiomatic characterization of fuzzy approximation operators. II. The rough fuzzy set based case[C]//Proceedings 31st IEEE International Symposium on Multiple-Valued Logic. New York: IEEE, 2001: 330-335.

[151] Thiele H. On axiomatic characterization of fuzzy approximation operators. III. The fuzzy diamond and fuzzy box based cases[C]//10th IEEE International Conference on Fuzzy Systems. New York: IEEE, 2001, 3: 1148-1151.

[152] Salido J M F, Murakami S. Rough set analysis of a general type of fuzzy data using transitive aggregations of fuzzy similarity relations[J]. Fuzzy Sets and Systems, 2003, 139(3): 635-660.

[153] Bazan J. A comparison of dynamic and non-dynamic rough set methods for extracting laws from decision tables[J]. Rough Sets in Knowledge Discovery, 1998, 1: 321-365.

[154] Bazan J G, Nguyen H S, Nguyen S H, et al. Rough set algorithms in classification problem[J]. Rough Set Methods and Applications: New Developments in Knowledge Discovery in Information Systems, 2000: 49-88.

[155] Inuiguchi M, Miyajima T. Variable precision rough set approach to multiple decision tables[C]//Rough Sets, Fuzzy Sets, Data Mining, and Granular Computing: 10th International Conference, Berlin, Heidelberg: Springer, 2005: 304-313.

[156] Inuiguchi M. A Multi-Agent Rough Set Model toward Group Decision Analysis[J]. Kansei Engineering International, 2006, 6(3): 33-40.

[157] Inuiguchi M, Miyajima T. Rough set based rule induction from two decision tables[J]. European Journal of Operational Research, 2007, 181(3): 1540-1553.

[158] Inuiguchi M. Three approaches to rule induction from multiple decision tables[C]//The Twelfth Czech Japan Seminar on Data

Analysis and Decision Making under Uncertainty, 2009：41-50.

[159] 刘少辉，盛秋戬，史忠植.一种新的快速计算正区域的方法[J].计算机研究与发展，2003，40(5)：637-642.

[160] Schlimmer J C, Granger R H. Incremental learning from noisy data[J]. Machine Learning, 1986, 1(3): 317-354.

[161] 王涛，李舟军，颜跃进，等.数据流挖掘分类技术综述[J].计算机研究与发展，2007，44(11)：1809-1815.

[162] 徐文华，覃征，常扬.基于半监督学习的数据流集成分类算法[J].模式识别与人工智能，2012，25(2)：292-299.

[163] Babcock B, Babu S, Datar M, et al. Models and issues in data stream systems[C]//Proceedings of the twenty-first ACM SIGMOD-SIGACT-SIGART symposium on Principles of database systems,2002：1-16.

[164] Gehrke J, Ganti V, Ramakrishnan R, et al. BOAT-optimistic decision tree construction[C]//Proceedings of the 1999 ACM SIGMOD international conference on Management of Data,1999：169-180.

[165] Domingos P, Hulten G. Mining high-speed data streams[C]//Proceedings of the sixth ACM SIGKDD international conference on Knowledge discovery and data mining,2000：71-80.

[166] Hulten G, Spencer L, Domingos P. Mining time-changing data streams[C]//Proceedings of the seventh ACM SIGKDD international conference on Knowledge discovery and data mining, 2001：97-106.

[167] 孙岳，毛国君，刘旭，等.基于多分类器的数据流中的概念漂移挖掘[J].自动化学报，2008，34(1)：93-97.

[168] Wang H, Fan W, Yu P S, et al. Mining concept-drifting data streams using ensemble classifiers[C]//Proceedings of the ninth ACM SIGKDD international conference on Knowledge discovery and data mining,2003：226-235.

[169] Scholz M, Klinkenberg R. An ensemble classifier for drifting concepts[C]//Proceedings of the Second International Workshop on Knowledge Discovery in Data Streams, 2005, 6(11)：53-64.

[170] Aggarwal C C, Han J, Wang J, et al. A framework for on-demand classification of evolving data streams[J]. IEEE Transactions on Knowledge and Data Engineering, 2006, 18(5): 577-589.

[171] Bifet A, Holmes G, Pfahringer B, et al. New ensemble methods for evolving data streams[C]//Proceedings of the 15th ACM SIGKDD international conference on Knowledge discovery and data mining, 2009: 139-148.

[172] Cao F, Huang J Z. A concept-drifting detection algorithm for categorical evolving data[C]//Advances in Knowledge Discovery and Data Mining: 17th Pacific-Asia Conference. Berlin, Heidelberg: Springer, 2013: 485-496.

[173] 邓大勇, 裴明华, 黄厚宽. F-粗糙集方法对概念漂移的度量, 浙江师范大学学报(自然科学版), 2013, 36(3): 303-308.

[174] 文益民, 强保华, 范志刚. 概念漂移数据流分类研究综述[J]. 智能系统学报, 2013, 8(2): 95-104.

[175] 李国徽, 陈辉. 挖掘数据流任意滑动时间窗口内频繁模式[J]. 软件学报, 2008(10): 2585-2596.

[176] 蒋盛益, 李庆华, 李新. 数据流挖掘算法研究综述[J]. 计算机工程与设计, 2005(5): 1130-1132, 1169.

[177] 邓大勇, 徐小玉, 黄厚宽. 基于并行约简的概念漂移探测[J], 计算机研究与发展, 2015, 52(5): 1071-1079.

[178] Pawlak Z, Skowron A. Rough membership functions: a tool for reasoning with uncertainty[J]. Banach Center Publications, 1993, 28(1): 135-150.

[179] 苗夺谦, 胡桂荣. 知识约简的一种启发式算法[J]. 计算机研究与发展, 1999, 36(6): 42-45.

[180] 王国胤, 于洪, 杨大春. 基于条件信息熵的决策表约简[J]. 计算机学报, 2002, 25(7): 759-766.

[181] 杨明. 决策表中基于条件信息熵的近似约简[J]. 电子学报, 2007, 35(11): 2156-2160.

[182] Liang J, Chin K S, Dang C, et al. A new method for measuring uncertainty and fuzziness in rough set theory[J]. International

Journal of General Systems, 2002, 31(4): 331-342.

[183] 梁吉业, 李德玉. 信息系统中的不确定性与知识获取[M]. 北京：科学出版社, 2005.

[184] 林嘉宜, 彭宏, 郑启伦. 一种新的基于粗糙集的值约简算法[J]. 计算机工程, 2003, 29(4): 70-71, 129.

[185] Qian Y, Liang J, Pedrycz W, et al. Positive approximation: an accelerator for attribute reduction in rough set theory[J]. Artificial intelligence, 2010, 174(9-10): 597-618.

[186] Deng D. Jiang F. Liu Q. Data reduction &. machine learning based on rough set approach[J]. Computerand Madernization, 2002 (1): 21-23.

[187] 邓大勇, 苗夺谦, 黄厚宽. 信息表中概念漂移与不确定性分析[J]. 计算机研究与发展, 2016, 53(11): 2607-2612.

[188] 王国胤, 张清华. 不同知识粒度下粗糙集的不确定性研究[J]. 计算机学报, 2008, 31(9): 1588-1598.

[189] 张文修, 梁怡, 吴伟志. 信息系统与发现[M]. 北京：科学出版社, 2003.

[190] Fayyad U M, Irani K B. What should be minimized in a decision tree[C]//AAA190 Proceedings of Eighth National Conference on Artificial Intelligence. Boston: AAAI Press, 1990, 90: 749-754.

[191] Shang C, Barnes D, Shen Q. Facilitating efficient mars terrain image classification with fuzzy-rough feature selection[J]. International Journal of Hybrid Intelligent Systems, 2011, 8(1): 3-13.

[192] 邓大勇, 徐小玉, 裴明华. F- 模糊粗糙集及其约简[J]. 浙江师范大学学报(自然科学版), 2015, 38(1): 58-66.

[193] 刘云枫, 孙平, 葛志远. 异构信息网络推荐研究进展[J]. 情报科学, 2020, 38(6): 151-157.

[194] Sun Y, Yu Y, Han J. Ranking-based clustering of heterogeneous information networks with star network schema[C]//Proceedings of the 15th ACM SIGKDD international conference on Knowledge discovery and data mining, 2009: 797-806.

[195] Sun Y, Aggarwal C C, Han J. Relation Strength-Aware Clustering of Heterogeneous Information Networks with Incomplete

Attributes[J].Proceedings of the VLDB Endowment, 2012, 5(5)：394-405.

[196] Sun Y, Han J, Yan X, et al.Pathsim：Meta path-based top-k similarity search in heterogeneous information networks[J]. Proceedings of the VLDB Endowment, 2011, 4(11)：992-1003.

[197] 赵泽亚, 贾岩涛, 王元卓, 等.基于动态异构信息网络的时序关系预测[J].计算机研究与发展, 2015, 52(8)：1735-1741.

[198] 陈湘涛, 丁平尖, 王晶.异构信息网中基于元路径的动态相似性搜索[J].计算机应用, 2014, 34(9)：2604-2607, 2638.

[199] 吴钦臣.异构信息网中基于元路径的节点相似性度量[D].上海：上海交通大学, 2018.

[200] 程田.面向多源异构信息网络的个性化推荐方法研究[D].重庆：重庆大学, 2022.

[201] 丁晨.面向动态异构信息网络的极大 motif 团挖掘方法研究[D].上海：东华大学, 2021.

[202] 赵备.基于动态异构信息网络的医疗保险欺诈检测的研究[D].济南：山东大学, 2020.

[203] 邓大勇, 薛欢欢, 苗夺谦, 等.属性约简准则与约简信息损失的研究[J].电子学报, 2017, 45(2)：401-407.

[204] 邓大勇, 卢克文, 黄厚宽, 等.概念的属性约简及异构数据概念漂移探测[J].电子学报, 2018, 46(5)：1234-1239.

[205] 邓大勇, 葛雅雯, 黄厚宽.属性约简簇的优化选择[J]，电子学报, 2019, 47(5)：1111-1120.

[206] 姚坤, 邓大勇, 吴越.可区分度与全粒度属性约简[J]，模式识别与人工智能, 2019, 32(8)：699-708.

[207] 邓大勇, 刘月铮, 肖春水.决策系统簇的平均代价敏感并行约简[J]，浙江师范大学学报(自然科学版), 2023, 46(1)：7-17.

[208] 邓大勇, 卢克文, 苗夺谦, 等.知识系统中全粒度粗糙集及概念漂移的研究[J].计算机学报, 2016, 42(1)：85-97.

[209] 张任.基于模糊并行约简的模糊概念漂移探测[J].微型机与应用, 2016, 35(12)：55-58.

[210] 邓大勇, 吴越, 刘月铮, 增量式概念漂移适应与收敛[J].浙江师范大

学学报(自然科学版),2021,44(2):156-163.

[211] 张宁.邓大勇.裴明华.基于F- 粗集的三支决策模型[J].南京大学学报(自然科学版),2013,49(5):582-587.

[212] 邓志轩,郑忠龙,邓大勇.F- 邻域粗糙集及其约简[J],自动化学报，2021，47(3)：695-705.

[213] DENC Z, ZHEN Z, DENC D, et al. Feature selection for mult-label learning based on F-neighborhood rough sets J . IEEE Acces，2020，8:39678-39688.

[214] 唐雨朋.基于粗糙集的集成学习算法及粗糙集模型的统一[D].金华：浙江师范大学,2023.

[215] 邓大勇. 全粒度粗糙集属性约简[J]. 模式识别与人工智能，2018,31(3)：230-235.

[216] 邓大勇，姚坤，肖春水.全粒度粗糙集的不确定性[J].模式识别与人工智能，2018,31(9)：809-815.

[217] 邓大勇,沈文新.F- 粗糙集的拓展与应用[J/OL].浙江师范大学学报（自然科学版），1-10[2024-01-07].https://doi.org/10.16218/j.issn.1001-5051.2024.034.